日常生活中的
500 条安全常识

杨小梅 / 编著

SPM 南方出版传媒
广东经济出版社
- 广州 -

图书在版编目（CIP）数据

日常生活中的500条安全常识 / 杨小梅编著. —广州：广东经济出版社，2019.5（2021.1重印）
ISBN 978-7-5454-6291-3

Ⅰ.①日… Ⅱ.①杨… Ⅲ.①生活安全—基本知识
Ⅳ.①X956

中国版本图书馆CIP数据核字（2018）第097267号

责任编辑：程梦菲
责任技编：陆俊帆
封面设计：李尘工作室

日常生活中的500条安全常识

Richang Shenghuo Zhong De 500 Tiao Anquan Changshi

出版人	李　鹏
出　版 发　行	广东经济出版社（广州市环市东路水荫路11号11～12楼）
经　销	全国新华书店
印　刷	广东鹏腾宇文化创新有限公司 （珠海市高新区唐家湾镇科技九路88号10栋）
开　本	880毫米×1230毫米　1/32
印　张	7.25
字　数	180千字
版　次	2019年5月第1版
印　次	2021年1月第3次
书　号	ISBN 978-7-5454-6291-3
定　价	25.00元

图书营销中心地址：广州市环市东路水荫路11号11楼
电话：（020）87393830　邮政编码：510075
如发现印装质量问题，影响阅读，请与本社联系
广东经济出版社常年法律顾问：胡志海律师

前　言

居安思危除隐患，预防为主保安全

　　进入现代社会，我们的生活越来越密集化、高层化，科技含量越来越高，人造环境越来越复杂，交通越来越拥挤，城市规模越来越大，机器越来越复杂……科技在提高生活效率的同时，也使我们的生活处处埋藏着安全隐患，各类安全事故层出不穷。据不完全统计，2018年，全国共发生各类生产安全事故超过5.1万起、死亡超过3.4万多人；交通事故造成死亡约6.3万人；接报火灾超过23.7万起，死亡超过1407人，已核直接财产损失36.75亿元；诈骗电话用户标记总量达1.37亿次，因为诈骗信息、垃圾信息和数据泄露造成的经济损失超千亿元。

　　可以毫不夸张地说，一时疏忽、一时大意、一不小心就会引发意想不到的安全意外。很多时候，我们凭一己之力无法阻止意外的发生，只能祈求"万幸"的降临，然而现实瞬息万变，与其心存侥幸，不如踏实地培养预防意外、自我保护的意识和能力，将意外造成的损害降至最低甚至是零。欧阳修的

《易童子问》中说："人情处危则虑深，居安则意殆，而患常生于怠忽也。是以君子'既济'，则思患而预防之也。"意思是说祸患往往生于松懈不注意之中，明智的人应在祸患发生之前就加以预防。

　　这是一本不华丽但很实用的居民安全指南，根据现代社会主要的生活场景归为急救逃生、饮食、居家、办公生产、出行等五大类，内容涵盖灾害防范、意外应对、防骗、消防、职业保健、交通安全、旅游安全等现代生活中遇见的安全问题，系统、清晰地展现不同环境、不同场所隐藏的安全隐患，教给大家必备的安全常识。通过阅读本书，大家可以树立良好的安全意识、安全价值，养成安全习惯，具备安全行为能力。

目 录
CONTENTS

一、急救、逃生常识

二、饮食安全常识

三、居家安全常识

四、办公、生产安全常识

五、出行安全常识

一、急救、逃生常识

NO.1　正确呼叫"110"报警电话

1. 当斗殴、盗窃等治安、刑事案件发生时，应立即报警；若自身卷入其中，应于脱离险情后迅速报警。

2. 发现溺水、坠楼、自杀，老人、儿童或智障人员走失，遇到危难孤立无援，水、电、气等公共设施出现险情时，均可报警。

3. 讲清楚案发的时间、方位，您的姓名及联系方式等。

4. 未成年人遇到刑事案件时，应首先保护好自己再报警。

NO.2　正确呼叫"119"火警电话

1. 准确报出失火方位。如果不知道失火的具体地点名称，应尽可能说清楚周围明显的标志，如建筑物、某单位名称等。

2. 尽量讲清楚起火的部位、着火物资、火势大小、是否有人被困等情况，同时应在主要路口等待消防车。

3. 在消防车到达现场前应设法扑灭初起火灾，以免火势扩大蔓延。扑救时切记注意自身安全。

NO.3   正确呼叫"122"交通报警电话

1. 准确报出交通事故发生的地点及人员、车辆伤损情况。

2. 应把车辆移至不妨碍交通的地点协商处理或等候交通警察处理。

3. 遇到交通事故逃逸车辆，应记住肇事车辆的车牌号，至少也要记下肇事车辆车型、颜色等主要特征。

4. 当交通事故造成人员伤亡时，应立即拨打"120"医疗急救电话，同时不要破坏现场和随意移动伤员。

NO.4   正确呼叫"120"医疗急救电话

1. 说清楚病人所在的方位、年龄、性别和病情。

2. 尽可能说明病人典型的发病表现，如胸痛、意识不清、呕血、呼吸困难等。

3. 尽可能说明病人患病或受伤的时间，并报告患病或受伤部位的情况。

4. 如果了解病人的病史，应及时提供给急救人员参考。

5. 了解清楚救护车到达的大致时间，做好接车准备。

NO.5   96119：五类火灾隐患可举报

发现身边存在火灾隐患时，可拨96119举报投诉，以下5类都可举报。

1. 举报一般违反消防法律法规行为和火灾隐患。

2. 举报严重违反消防法律法规行为和重大火灾隐患。

3. 举报公共娱乐场所违规采用聚氨酯材料进行室内装饰。

4. 举报违规住人的"三合一"场所。

5. 建筑物内自动消防设施瘫痪或不能正常使用的可举报。

NO.6 高速公路上呼叫救援记住三个电话

1. 24小时公众交通咨询服务热线：（区号）96998。
2. 全国高速公路报警救援电话：12122。
3. 全国交通运输服务监督电话：12328。

NO.7 野外求救常用信号（一）：S.O.S

S.O.S是国际莫尔斯电码救难信号，国际无线电报公约组织于1908年正式将它确定为国际通用海难求救信号。这三个字母组合没有任何实际意义，只是因为它的电码"...---..."（三个圆点，三个英文破折号，然后再加三个圆点）在电报中是发报方最容易发出、接报方最容易辨识的电码。光线发射方法为：短光—长光—短光。

NO.8 野外求救常用信号（二）：烟火信号

连续点燃三堆火，中间距离最好相等，白天可燃烟，在火上放些青草等易产生浓烟的物品，每分钟加6次。夜晚可燃旺火。

生信号火堆时，要考虑您所处的地理位置，最好是找一片天然的空旷地或者在溪水边生火，以免烟火信号被丛林的树叶遮挡住。

NO.9 野外求救常用信号（三）：旗语

将一面旗子或一块色泽亮艳的布料系在木棒上，挥棒时，在左侧长划，右侧短划，做"8"字形运动。

如果求救对象距离较近，可不必做"8"字形运动，简单划动即可，在左边长划一次，右边短划一次，前者应比后者用时稍长。

NO.10　野外求救常用信号（四）：反光信号

任何明亮的材料都可加以利用，比如罐头盒盖、玻璃、眼镜、一片金属铂片，有面镜子当然最好。镜面持续地反射太阳光，规律性地产生一条长线和一个圆点，这是莫尔斯电码的一种。即使不懂莫尔斯电码，随意反照，也可引起救援人员注意。

NO.11　野外求救常用信号（五）：地面标志

如果是在比较开阔的地面，比如在草地、海滩、雪地，可以制作地面标志信号，与空中取得联络。请记住这几个单词：SOS（求救）、SEND（送出）、DOCTOR（医生）、HELP（帮助）、INJURY（受伤）、TRAPPED（困住）、LOST（迷失）、WATER（水）。

当离开危险地时，要留下一些信号物，以备让救援人员及时发现。

NO.12　野外求救常用信号（六）：应急电波

以下为中国业余电台常用频率，可打印一份随身携带，以备不时之需。80m波段：3.840MHz、3.843MHz、3.850MHz、3.855MHz；40m波段：7.030MHz（CW）、7.050MHz、7.053MHz、7.055MHz、7.060MHz、7.068MHz；20m波段：14.180MHz、14.225MHz、14.270MHz、14.330MHz；15m波

段：21.400MHz；10m波段：29.600MHz。

我国使用最多的电台频率是438.500MHz，一旦遭遇危险，呼叫这个频率很有可能获得帮助。

NO.13 野外危险地常见标志信号

1. 岩石或碎石片摆成箭头形；或棍棒支撑在树杈间；或卷草的中上部系上结；或小石块垒成一个大石堆，边上再放一小石块；或深刻于树干的箭头形凹槽。以上方式指示着行动的方向。

2. 两根交叉的木棒或石头意味着此路不通。

3. 三块岩石、木棒，或灌木平行竖立、摆放，表示危险或情况紧急。

NO.14 船舶遇险常用求救信号

1. 红星火箭：发射到150米以上高空爆炸，发出红色火星信号。

2. 火箭降落伞：一种手持式高空信号弹，射至最高点时发出2万~4万烛光的火光。

3. 红火号：一种物持式发火信号，点燃后能发出600烛光以上的亮度。

4. 烟雾信号：白天使用，能发出橙黄色浓烟，持续5分钟，5海里之内能见到。

5. 白色火号：引起注意的信号；蓝色火号：请引航员的信号。

NO.15　街头遇抢劫如何紧急应对?

1. 在人员聚集地区遭到抢劫，应大声呼救，以震慑犯罪分子，同时尽快报警。

2. 在僻静地方或无力抵抗的情况下遭到抢劫，应放弃财物，保全人身不再遭受伤害，待处于安全状态时尽快报警。

3. 尽量记住歹徒的人数、体貌特征、口音、所持凶器、逃跑所乘车辆车牌号及逃跑方向等情况，尽量留住现场证人。

NO.16　寒潮自我防护

1. 关好门窗，固紧室外搭建物。

2. 注意添衣保暖，尤其是要做好老弱病人的防寒工作。

3. 外出采取保暖防滑措施，当心路滑跌倒。

4. 司机注意路况，听从指挥，慢速驾驶。

5. 遇到暴风雪时，处在危旧房屋内的人员要迅速撤离。

6. 如被暴风雪围困，尽快拨打求救电话。

NO.17　大雾天气自我防护

1. 注意收听天气预报，实时掌握天气变化。

2. 尽量不要外出，必须外出时要戴口罩。

3. 不要在雾中进行体育锻炼。

4. 骑自行车要减速慢行，听从交警指挥。

5. 司机小心驾驶，须打开防雾灯，与前车保持足够的制动距离，并减速慢行。

6. 乘车、船时要保持秩序，不要拥挤或滞留在进站口或渡口。

NO.18　大风天气自我防护

1. 风沙迷眼别揉。被风沙迷眼时，可滴几滴眼药水或是眨眨眼睛，让眼药水或是眼泪将沙尘冲出来。如果自己取出异物困难，应请旁人协助或立即就医。

2. 保持皮肤清洁。保证每天早晚至少洗一次脸；平时要多喝水、多吃富含水分的水果、蔬菜，适当使用一些适合自身的护肤品，让皮肤得到充足的水分，避免干燥。

3. 行车小心谨慎。大风天开车更要小心谨慎，应尽量把车窗玻璃摇紧，防止沙尘飞进驾驶室而影响行车安全。

NO.19　沙尘天气自我防护

1. 沙尘天气时不要开窗通风，等沙尘过去之后再开窗。

2. 减少体力消耗和户外活动。特别是老年人、婴幼儿、孕妇、体弱者以及呼吸系统疾病和心脏病患者更要注意。

3. 外出要加强个人防护。可以戴上口罩、眼镜、帽子和围巾；尽量避免骑自行车；勤洗手、洗脸，多喝水。

4. 身体不适及时就诊。一旦发生慢性咳嗽伴咳痰或气短、发作性喘憋及胸痛时，要尽快就医。

NO.20　台风天自我防护

1. 备好干粮、饮用水、手电、充电宝等应急物品。

2. 收拾好窗台、阳台杂物，用胶带在窗上贴"米"字。

3. 打雷闪电时，关闭电视等家用电器。

4. 疏通排水管道。

5. 如家住低洼地带，要将不能浸水的家电、家具转移到高处。

6. 不在广告牌和大树下停车，也尽量不停在可能浸水的地下车库。

—— NO.21 冰雹突降自我防护 ——

1. 得知有关冰雹的天气预报后，将人畜及室外的物品都转移到安全地带。

2. 冰雹来时不要外出，不得已要出门时应注意保护好头、面部。

3. 若在室外时冰雹突降，马上寻找可以躲避的地方，最好是躲到坚固的建筑物内。

4. 若正在驾驶汽车时天降冰雹，应立即将车停在可以躲避的地方，切不可贸然前行，以免受到不必要的伤害。

5. 有时冰雹会伴有狂风暴雨，须注意预防及躲避。

—— NO.22 常见的空气重污染预警及防护 ——

1. 四级（蓝色）：未来×天出现重度污染。易感人群应减少户外活动。

2. 三级（黄色）：未来×天出现严重污染或持续×天出现重度污染。易感人群应避免户外活动。

3. 二级（橙色）：未来持续×天交替出现重度污染或严重污染。易感人群应避免户外活动；一般人群减少户外活动。

4. 一级（红色）：未来持续×天出现严重污染。一般人群应尽量避免户外活动；中小学、幼儿园停课；企事业单位根据情况可实行弹性工作制；停止大型露天活动。

NO.23　地震自救四大常识

1. 大地震时不要急。破坏性地震从人感觉到震动到建筑物被破坏平均只有12秒，应根据所处环境迅速做出可保障安全的抉择。

2. 人多先找藏身处。人群聚集的场所如遇到地震，应立即找地方躲藏，待地震过后再有序地撤离。

3. 远离危险区。远离楼房；远离山崖、陡坡、河岸及高压线等。

4. 被埋要保存体力。地震被埋受困时要先尽力寻找水和食物，创造生存条件，保存体力，等待救援。

NO.24　地震被困自救指南

1. 设法避开身体上方不结实的倒塌物、悬挂物或其他危险物。

2. 搬开身边可移动的碎石砖瓦等杂物，扩大活动空间。

3. 用砖石、木棍等支撑残垣断壁，防止周围杂物进一步倒塌。

4. 不要随便动用被困地的室内设施，包括电源、水源，也不要使用明火。

5. 闻到如煤气等有毒异味或遇灰尘较大时，设法用湿衣物捂住口鼻。

6. 不要乱叫，保持体力，尽量用敲击声求救。

NO.25　三角空间可助地震脱险

室内房屋倒塌后形成的三角空间，往往是地震发生时人们得以幸存的相对安全的地点，可以称其为避震空间。"三角空间"主要是指大块倒塌体与支撑物构成的空间，例如结实牢固的家具附近，内墙（特别是承重墙）墙根、墙角，厨房、厕所、储藏室等开间小、有管道支撑的地方。

NO.26　山体滑坡逃生指南

1. 迅速撤离到安全的避难场地。切忌在逃离时朝着滑坡方向跑，更不要随滑坡滚动。

2. 跑不出去时躲在坚实的障碍物下，或抱住身边的树木等固定物体，或躲避在地坎、地沟里。

3. 山体滑坡停止后，不要立刻查看情况，山体滑坡可能会连续发生。

NO.27　雪崩逃生指南

1. 遭遇雪崩时，要迅速深吸一口气，屏住呼吸，抓住树木、岩石等坚固物体。

2. 不幸被卷入雪流，可逆流而上做游泳姿势，让身体最大限度处于雪流表面；雪流停下时，两臂交叉在胸前，尽可能营造出口鼻与胸部呼吸所需要的范围。

3. 如果被埋在雪里，要奋力破雪而出；如果发现挣扎几乎无用，就马上停下来保持体能，等待救援。

NO.28　沼泽流沙逃生指南

1. 立即把身体后倾，轻轻跌躺，并尽量张开双臂以分散体重，增大浮力。

2. 如果有手杖，可插在身体之下，也可将随身带的水壶、雨伞放在身下。

3. 移动身体时一定要小心。每做一个动作都要注意缓慢进行。

4. 如果有人同行，应躺着不动，让同伴把自己拖出来。

5. 如果只有自己一人，不要挣扎，应采取平卧姿势，慢慢游动到安全地带。

NO.29 落水逃生指南

1. 尽量将头部以下部位保持在水面以下，调整好呼吸，向最近的可以求生的地点游动。

2. 可在弃船或已快沉的船上找些可以救生的东西，如救生圈、救生衣、木板、燃油等。使用救生用品使身体上浮，节省体力；使用燃油点燃木板取暖。

3. 最重要的还是尽量保持心理平衡，人在寒冷的水中真正冻死的非常少，更多是因体力、身体热量等急剧下降而发生的溺水死亡。

NO.30 意外踩踏防范指南

1. 参加公众活动时，注意看清楚出口和各种逃生标识。

2. 发现拥挤的人群向自己方向拥来，马上避到一旁，不要逆人流前进。

3. 身不由己卷入混乱人群时，要和大多数人前进方向保持一致，听从指挥人员口令。

4. 稳住双脚，即便鞋子被踩掉了也不要贸然弯腰找寻。

5. 如果带着孩子，一定要抱住、抱紧孩子。

6. 尽量抓住一样坚固牢靠的东西。

7. 如果不幸摔倒，要设法靠近墙壁，面向墙壁，将身体蜷成球状，双手在颈后紧扣，努力保持意识清醒、张大嘴呼吸。

NO.31　踩踏事故自救指南

1. 检查伤者，如伤者已失去知觉又呈俯卧位，应小心地将其翻转。

2. 保持伤者呼吸畅通，人头后仰，防止因舌根后坠堵塞喉部。

3. 若伤者确已无呼吸，立即进行口对口人工呼吸；若伤者恢复呼吸后呕吐，须防止呕吐物进入气管。

4. 一手放在伤者额头上，使其维持头部后仰，另一手探查伤者有无脉搏跳动，如果没有，须立即送医院急救。

NO.32　室内防雷小知识

1. 雷雨来临前关好门窗，避免因室内湿度大引起导电效应而发生雷击灾害。

2. 躲避在车内时，应关好车门。

3. 暂时可以不用的电器设备尽量断电，人不要靠近炉子等带金属的设备，也不要赤脚站在地上。

4. 不宜打电话和使用手机。

5. 不宜使用水龙头。

NO.33　户外防雷小知识

1. 尽快躲到有遮蔽的安全地方。披上雨衣，防雷效果更好。

2. 不站在孤立的高建筑物下或大树下躲雨。

3. 不在铁路轨道附近停留。

4. 不在河里游泳或划船。

5. 不骑自行车、摩托车或开拖拉机。

6. 不把带金属的东西扛在肩上，女士应取下头上佩戴的金属发夹等物品。

7. 遇到雷电时，人与人不要相互接触，以防电流互相传导。

8. 遇雷雨时，不宜在户外打电话。

NO.34　动车的八处紧急事故设施

1. 紧急逃生窗。每节车厢中有4个紧急逃生窗（有红点的玻璃窗），旁边配备了安全锤。

2. 紧急制动阀。在发生影响行车安全的情况下，可将紧急制动阀向外、向下拉动。

3. 防护网。动车组列车为防车门故障无法关闭时，配备了防护网。

4. 火灾报警按钮、紧急制动按钮。位于车厢连接处上方，按下按钮即蜂鸣器报警。

5. 应急梯。列车出现特殊情况停靠于非站台处，旅客可以从应急梯转移到地面上。

6. 安全渡板。用于将旅客从故障动车组转移至相邻线路的动车。

7. 防火隔断门。一旦发生火灾，可用门板侧面拉手把隔断门拉出，将相邻的两节车厢隔断。

8. 卫生间紧急按钮。当旅客在卫生间内发生突发危急情况时，可以按下紧急按钮求救。

NO.35　地铁的五处紧急事故按钮

1. 手动火灾报警按钮。位于车站站台、站厅和通道的墙上，发生火灾时，乘客可以按下报警按钮。

2. 紧急停车按钮。站台两端的墙上各有一个，列车可能撞人时乘客可以击碎玻璃，按压按钮3~4秒，列车就会停下。

3. 对讲器。每节车厢两端各有一个，遇到有人晕倒等紧急情况时乘客可以按下按钮和司机联系。

4. 自动扶梯紧急停止按钮。出现碰撞、挤压、跌倒等情况，乘客可以先大声提醒，然后及时按下紧急停止按钮。

5. 屏蔽门应急装置。列车进站后屏蔽门无法自动开启，或车门无法对准屏蔽门时，乘客可使用应急手动解锁装置将应急门推开。

NO.36　海上遇险逃生指南

1. 关键是保存体力和体温。海上遇险后，对于正常人致命的威胁是心理上的恐惧。只有保持坚定的求生意念，才可能等到有效救援。

2. 不得已跳海有诀窍。应迎着风向跳，以免落水后遭到漂浮物的撞击；跳水时双臂交叠在胸前压住救生衣，双手捂住口鼻，以防跳下时呛水。

3. 不要喝海水，应千方百计寻找淡水和食物代用品，海洋中鱼、龟、海鸟、贝壳、海藻可供食用。

4. 注意细节确保平安。上船后应尽可能多地了解安全设施、标识或警示、应急出口标识等。

NO.37　民航客机逃生指南

1. 登机时看清紧急出口。客机起飞后3分钟与降落前8分钟最危险，这两段时间旅客须保持警惕。

2. 褪去身着的坚硬物品。高跟鞋、眼镜、丝袜等都可能妨碍逃生，要及时除去。

3. 确认系好安全带。建议重复几次系、解安全带的动作，以防后患。

4. 发生意外时及时用湿手帕捂住口鼻，避免直接吸入有害气体。

5. 逃离飞机后迎风快跑，顺风跑动的幸存者可能会受到二次伤害。如果伴有起火冒烟，旅客只有不到两分钟的逃离时间。

NO.38　公交车突燃逃生指南

1. 公交车突发火灾火势迅猛，如果没有安全锤，可用手肘或脚跟击碎窗户脱险。

2. 用毛巾或衣物遮掩口鼻，防止窒息的发生。

3. 俯身快速撤离，规避烟尘并避免被火焰直接灼伤。

4. 冲出火灾现场的瞬间，屏气有助于安全摆脱火海。

5. 烟雾和火焰会随着人的叫喊被吸入呼吸道，所以在火灾现场不要大声呼叫。

6. 冲出火海时若发现衣服着火，切勿狂奔乱跑，应马上脱掉衣服，或就地翻滚压灭身上的火焰。

NO.39 卧铺大巴追尾逃生指南

1. 大巴两扇车门的内外两边都有紧急放气阀，扭开它车门就能打开。

2. 如果车门损坏严重无法打开，还有车窗和顶部通风窗，按照标志指示转动把手，向上用力就能打开。

3. 救生锤挂在车窗附近，玻璃四角标有击打位置提示，用救生锤猛击车窗玻璃四角，然后用手向外推开碎玻璃就能逃生。普通铁锤、大件硬物甚至女士的高跟鞋鞋底都能临时充当救生锤使用。

NO.40 卧铺大巴翻车逃生指南

大巴客车发生侧翻或者仰翻，一侧的车门或者车窗、天窗可能紧贴地面导致无法活动开启；而散落的行李和慌乱的人员也增加了行动的难度。此时乘客应手脚并用，抓住车内的硬件迅速设法摆正身体，从另一侧车窗、天窗和击碎后的挡风玻璃处逃离车辆。

同时，由于翻车极可能引起油箱泄漏发生爆燃，因此逃生后应迅速疏散人员。

NO.41　车辆落水逃生指南

1. 第一时间解开安全带，设法迅速逃离车辆，尽可能浮出水面。

2. 水位没有超过车窗时车门比较容易打开，此时为逃生的最佳时机。

3. 水位高于车窗时，可以待车身入水到接近顶部时尝试打开车门逃生。

4. 如果车门实在无法打开，可以慢慢降低车窗，尝试在水流进入车身时逃出；如果电动车窗无法降下，则需借助工具打破车窗。

5. 当水位超过车窗且水较深时，应使头部保持在水面上，迅速用力推开车门，同时深吸一口气浮出水面。

NO.42　高速公路上爆胎紧急处理

如果是前轮爆胎，会严重影响驾驶员对方向盘的控制，此时切不要因慌张而采用紧急制动或反复猛打方向盘，以免汽车出现强烈侧滑甚至翻车。

如果是后轮爆胎，车辆尾部会不稳使车辆倾向爆胎的一边，此时应反复轻踩制动踏板，使汽车重心前移，采用收油减挡的方式让汽车逐渐减速并使其最终停下。

NO.43　汽车自燃紧急处理

1. 汽车自燃一般都有冒黑烟、焦煳味等先兆，发现后应立即停车熄火，要尽可能靠边停车或停在空旷地带，以免波及其他车辆。

2. 切记不要打开引擎盖，用灭火器对准起火部位喷射。拿灭火器时，一定要先观察火势有没有蔓延到汽车尾部，如果汽车尾部已冒烟，应尽快撤离，以免油箱发生爆炸而导致人员伤亡。

3. 如果火势很大，车辆有爆炸的危险，应尽快远离车辆，不要贪恋财物，防止造成不必要的人身伤害。

NO.44　暴雨天行车安全指南

1. 合理规划路线。暴雨天气尽量减少出行，不得不出行时也要选择地势高、不易积水、路况良好的路线，避开桥洞、地下停车场等。

2. 遇积水，慢通过。行车途中遇到暴雨，地势低洼处常会迅速积水，一般情况下汽车涉水深度未超过车轮的三分之二时，可以在摸清水深情况后低速通过。

3. 行车被困，尽早撤离。一旦行车途中汽车被水淹熄火，应及时弃车离开，避免损失加重或因被困而危及生命的悲剧发生。

NO.45　宠物抓咬紧急处理

1. 立即处理伤口。首先在伤口上方扎止血带（可用手帕、绳索等），防止或减少病毒随血液流入全身。然后迅速用洁净的水或肥皂水对伤口进行流水清洗，彻底清洁伤口，但对伤口处不要包扎。

2. 迅速送伤者去医院进行诊治，24小时内注射狂犬病疫苗和破伤风抗毒素。

3. 当身上有伤口时，不要和宠物亲昵，以防宠物的唾液污染伤口。

NO.46 毒蛇咬伤巧预防

1. 进入毒蛇可能出没的区域应着厚靴，并用厚帆布绑腿。

2. 在野外夜行应持手电筒照明，并持竹竿在前方左右拨草将蛇赶走。

3. 野外露营时应将附近的草、泥洞、石洞清除干净，以防蛇类躲藏。

4. 平时注意了解各种蛇的特征，以及被毒蛇咬伤后的急救方法。

NO.47 毒蛇咬伤紧急处理

1. 保持冷静。千万不要紧张地乱跑奔走求救，这样会加速毒液扩散。

2. 立即缚扎。用止血带绑住伤口近心端5~10厘米处，如无止血带可用毛巾、手帕或布条代替。

3. 冲洗并切开伤口，适当吸吮。伤口切开呈"十"字形，用吸吮器将毒血吸出，施救者宜避免直接以口吸出毒液。

4. 立即赶至最近的有血清的医疗单位（山区卫生所或县医院）接受进一步治疗。

NO.48 蜜蜂蜇伤紧急处理

1. 蜜蜂蜇到的皮肤上会出现红色肿块，有剧烈的疼痛感，而且肿块的中心位置往往有突出的黑刺。应快速地用大拇指的指甲或是质地较硬的卡片轻刮皮肤，把刺去掉；千万不要用手指或镊子去夹刺，否则会把更多的毒液挤入皮肤。

2. 刺拔出后，用肥皂水或清水清洗受伤的地方。

3. 用凉毛巾或冰袋敷在肿起的皮肤上缓解疼痛。

NO.49 蜱虫叮咬紧急处理

1. 发现蜱虫在皮肤上停留叮咬时不能立刻拍打，应把它吹走。

2. 发现蜱虫钻入皮肤时切勿撕拉，因为蜱虫头有倒钩，易将头留在皮肤内产生继发性损害。可用煤油、松节油或旱烟涂在蜱虫头部位待蜱虫自然从皮肤上落下。

3. 如发现自行无法取出蜱虫，要及时去医院处理。

NO.50 蚂蟥咬伤紧急处理

1. 发现蚂蟥吸附在皮肤上，可用手轻拍使其脱离皮肤，切不要强行拉扯。

2. 发现蚂蟥钻入皮肤，可用食醋、酒、盐水或清凉油涂抹在蚂蟥身上和吸附处，使其自然脱出。

3. 蚂蟥脱落后，在伤口涂抹碘酒预防感染即可，局部流血与丘疹可自行消失，一般不会引起特殊的不良后果。

NO.51 蝎子蜇伤紧急处理

1. 立即用鞋带、布条等绑扎伤口的近心端，绑扎的松紧程度以阻断淋巴和静脉回流为准。

2. 以"十"字形切开伤口，拔出毒针，用弱碱性液体如肥皂水冲洗伤口，由绑扎处向伤口方向挤压排毒，持续20~30分钟。

3. 若伤口周围皮肤红肿，可用冷毛巾或冰袋冷敷。

4. 多喝水，禁止饮酒。

5. 全身症状较重者要迅速送医救治。

NO.52 小扭伤紧急处理

扭伤后常见的错误做法是盲目地揉搓患处，其实过分用力揉搓患处反而会加重症状。发生扭伤后，一不要用热敷，二不要揉搓患处。

正确的做法是积极采取冷却止血的措施，用冰袋或冷水敷在患处约10分钟，使血管收缩，降低局部血流量，以起到止血作用；待肿痛基本消散后，再改用皮肤可接受的温水敷患处，以活血化瘀消除关节内淤血，同时将患处抬高，以加快血液的回流，促使血肿消散。

NO.53 出鼻血紧急处理

1. 指压止血法。如出血量小，可坐下，用拇指和食指紧紧地压住两侧鼻翼，压向鼻中隔部，暂时用嘴呼吸；同时在前额敷以冷毛巾，一般压迫5~10分钟，出血即可止住。

2. 压迫填塞法。如果出血量大，或用上述方法不能止住出血时，可用脱脂棉卷成如鼻孔粗细的条状，向鼻腔充填。

经上述处理后，如仍出血不止，要及时到医院处理。

NO.54 上消化道出血紧急处理

1. 不断安慰病人，以解除病人紧张的情绪，救护人员不要流露紧张的神色。

2. 病人取平卧头低脚高位，可在脚部垫上枕头，这有利于下肢血液回流至心脏，保证大脑供血。

3. 呕血时，将病人的头偏向一侧，以免血液吸入气管，同时注意保暖，禁食和禁止饮水。

4. 对已发生休克者，应及时清除其口腔内的积血，防止因血液吸入气管而造成窒息。

NO.55 休克紧急处理

1. 紧急情况下，有一些病不能马上明确原因，应立即送医院救治。

2. 尽量少搬动、少打扰病人，保持安静。

3. 松开病人的衣领、裤带，使之平卧。

4. 注意病人保暖，但不能过热。

5. 有时可给病人喂服少量姜糖水、浓茶等热饮。

6. 有肺水肿、呼吸困难者，应立即给予氧气吸入。

NO.56 落枕自疗小方法

1. 局部疼痛可以用热毛巾敷，并轻轻揉捏、敲打痛处，可以缓解疼痛。

2. 张开手掌背，在食指与中指之间有个落枕穴，用大拇指尖对准此穴用力连续按压3~5分钟，直到有酸胀感为止，同时，尝试活动颈部。半小时后，再用上述方法按压一次，效果比较明显。

3. 将100毫升食醋加热，以不烫手为宜，用纱布浸热醋敷于疼痛部位，同时活动颈部，每日3次，2天后即可见效。

NO.57　踝关节扭伤紧急处理

1. 要冷敷，不能热敷，也不能用热水洗脚。如果觉得疼痛难忍可用冰块冷敷。

2. 24小时内不能涂抹红花油。一定要在24小时之后再抹，皮肤破溃或过敏者不宜使用红花油。

3. 抬高患肢。这样有利于血液循环和消除肿胀。

4. 肿胀消退后，用绷带适当加压包扎，否则踝关节不稳定，会导致以后经常性发生扭伤。

NO.58　夏季游泳注意事项

1. 不在水库、河道、池塘等场所游泳。过往常有野外溺水身亡事件发生，血的教训太过深刻，发人深省。

2. 儿童下水游泳一定要有大人监护。儿童一旦遇到险情难以应对，易造成溺水事故。不识水性的成人和儿童不要轻易下水救人。

3. 不在酒后下水游泳。酒后游泳易抽筋，也难以应付，十分危险。

4. 不裸体游泳。裸体游泳是一种极不文明的行为。

NO.59　游泳抽筋别惊慌

1. 游泳时，一旦发生小腿肚抽筋，千万不可惊慌失措。

2. 收起抽筋的腿，用另一条腿和两条手臂游上岸。

3. 浮于水上，弯曲抽筋的腿，稍事休息后立即上岸。

4. 吸气沉入水中，用手扳抽筋一侧的脚大拇指，反复几次后急速上岸。

5. 游向岸边时，切忌让抽筋一侧的腿用力过度，以免再次抽筋。

NO.60　溺水紧急处理

溺水轻者会剧烈呛咳，但神志清楚，可将呼吸道的水排出体外，一般不会有生命危险；溺水重者会昏迷，短时间内呼吸停止，出现发绀，心跳缓慢，此时是最佳抢救时机。

如溺水时间太长，"肚大"，心跳呼吸全无，需进行复苏抢救。淡水溺水，如果水进入体内不多，可很快吸收，不必"控水"；海水溺水，要将伤者面朝下，腹部垫物，使肺内、胃内的水倒出。

NO.61　烧伤、烫伤家庭处理五大误区

1.✕立刻冰敷。此时受损的皮肤已经失去表皮的保护，应用缓和、流动的冷水冲洗30分钟。

2.✕立刻涂抹药膏。殊不知涂抹药膏会让热能包覆在皮肤上继续伤害皮肤。

3.✕被家用电器电到不会造成伤害。不管遭受何种电伤，只要患者意识不清，皆应立刻送医院治疗。

4.✕水疱不能弄破。若水疱直径大于两厘米，可将其刺破，注意不要移除水疱上的表皮。

5.✗酱油、咖啡等会让疤痕颜色变深。天然的深色食物一般不会让疤痕颜色变深。

NO.62　居家急救小贴士

1. 了解住所周围疏散线路。

2. 制订家庭联络表，包括家庭成员、朋友、邻居和紧急联系人的电话号码。

3. 妥善存放保险单、房产证、存折等重要单据，并另存复印件。

4. 熟悉水、电、气总阀的位置和关闭程序。

5. 常备家庭应急箱，箱内存放物品包括干粮、饮用水、医疗急救包、手电筒等，至少每6个月更新一次食物和水。

NO.63　家庭急救禁止事项

1. 止血带不宜长时间结扎。

2. 小而深的伤口不宜马上包扎，特别是被锈钉或木刺扎伤和被玻璃损伤的伤口。

3. 对昏迷病人应严密观察，细心护理。

4. 皮肤不慎接触农药，不宜用热水及酒精擦洗。

5. 急性腹痛不宜服强烈止痛药，禁用泻药，更禁止灌肠。

NO.64　煤气中毒紧急处理

打开门窗，将煤气中毒者搬到空气新鲜、流通且温暖的地方，同时关灭煤气灶或将煤炉熄灭。发现病情严重者应立即送医救治。

在等待时，检查煤气中毒者的呼吸道是否畅通，如发现患者的鼻、口中有呕吐物、分泌物，应立即清除；对呼吸浅表者或呼吸停止者，应立即进行口对口人工呼吸，直到患者出现自主呼吸或明显的死亡征象。

P.S在家不使用淘汰热水器；在车内注意经常开窗通风换气；在可能产生一氧化碳的地方，安装一氧化碳报警器。

NO.65　家庭燃气泄漏紧急处理

1. 保持镇定，不要慌张，暂时屏住呼吸镇定平稳地走过去把阀门关掉。

2. 不要立即开风扇或者排气扇，应把门窗打开，让其自然通风换气。

3. 不要开、关各种电器，应马上到室外关掉总电闸。

4. 不要使用电话，因为话筒在拿起或放下的瞬间内部会产生高压电。

5. 不要穿或者脱衣服，特别是尼龙类衣服。

6. 煤气的密度是空气的1.5倍，所以泄漏后一般会积存在地势比较低的地方不易流散，可用比较大的纸张或扫帚扇扫将煤气赶出房间。

NO.66　鞭炮炸伤眼部紧急处理

首先用清水小心地清除伤者眼部、面部的污物。如果皮肤表面形成水疱，不要将其碰破、挑破，不要涂龙胆紫等有颜色的药水、药膏，以免感染。

如果出血不止，在就诊前用干净的纱布或毛巾用力压住伤口止血。

若伤情较重，如眼球破裂伤、眼内容物脱出，不要强行扒开眼睑或去除脱出眼外的组织，应以清洁纱布或毛巾覆盖后立即送医处理。

如果情况危急，受伤者发生了昏迷，合并颅脑、胸腹、四肢的损伤，要立即送往医院救治。

NO.67　错误的处理伤口方式

1.✕保持伤口干燥。若遇到结痂，伤口愈合时间反而会变长。

2.✕多涂消毒药水。消毒后要迅速用生理盐水把消毒药剂冲拭掉。

3.✕必用抗生素。除非感染已发生而使用抗生素，不然会影响伤口愈合。

4.✕伤口包得紧紧的密不透风。包扎过紧会减少伤口接触氧气的机会，使伤口愈合变慢。

5.✕伤口必须每天换药。频繁换药反而使伤口易受污染，且破坏刚刚长好的组织，加重瘢痕。

NO.68　咽喉异物堵塞紧急处理

1. 若是成年人，可压住舌头，连续咳嗽2~3次。

2. 若为儿童，则头朝下抱起，用力拍打背部2~3次。

3. 上半身前倾，请别人从身后用两手合拢围起，把前胸向上提起。

4. 侧卧，用手指试钩咽喉部，有时也能钩出异物。

若采用以上办法还是无法去除异物，须尽快送医院救治。

NO.69 冻伤紧急处理

1. 迅速离开低温现场和冰冻物体，将伤者移至室内。

2. 如果衣服与人体冻结在一起，应用温水融化后再轻轻脱去衣服。

3. 保持冻伤部位清洁，外涂冻伤膏；切记冻伤部位不要用热水泡或用火烤。

4. 加盖衣被、毛毯等以保温，并尽快送至医院治疗。

NO.70 校园火灾自救指南

1. 尽早逃生。

2. 保护呼吸系统。用水蘸湿毛巾、衣服等掩住口鼻，匍匐前进。

3. 从通道疏散。也可利用窗户、阳台、屋顶、避雷线、落水管等脱险。

4. 利用绳索滑行。可以将窗帘撕成条拧成绳，用水沾湿后滑到下一楼层或地面。

5. 在卫生间暂时避难。用水喷淋迎火门窗，把房间内一切可燃物淋湿。

6. 利用标志引导脱险。按标志指示方向逃离。

7. 提倡利人利己，严禁逃离时前拥后挤。

NO.71　家庭火灾逃生"三字诀"

1. 早报警。火灾发生时立即报警。

2. 不慌张。尽快冷静下来，匍匐前进，呼吸要小而浅。

3. 善利用。将被单、台布撕成布条，结成绳索系牢窗户，再用布护住手心，顺绳滑下。

4. 抢时间。在非上楼不可的情况下，必须屏住呼吸上楼，因为浓烟上升的速度是每秒3~5米，而人上楼的速度仅是每秒0.5米。

NO.72　轻度烧伤的家庭护理

在家庭中，轻度烧伤要科学合理地护理，护理步骤如下：

1. 脱离热源，保护创面，清除呼吸道异物。

2. 移出现场，将烧伤处浸泡于冷水中或者用清水冲30分钟，不可弄破创面皮肤。再用生理盐水清洗创面。健康皮肤用肥皂水及清水洗净，然后用75%医用酒精擦洗、消毒。

3. 可在患处涂抹芦荟汁液或烫伤药膏。

NO.73　触电事故的临床表现

触电是电击伤的俗称，引起触电的原因很多，主要系缺乏安全用电知识，安装和维修电器、电线不按规程操作，电线上挂吊衣物。高温、高湿和出汗使皮肤表面电阻降低，容易引起电损伤。意外事故中电线折断落到人体及雷雨时大树下躲雨或用铁柄伞而被闪电击中，都可引起触电事故。触电事故的临床表现有以下三种。

1. 电击伤。当人体接触电流时，轻者立刻出现惊慌、呆滞、面色苍白，接触部位肌肉收缩，且有头晕、心动过速和全身乏力症状。重者出现昏迷、持续抽搐、心室纤维颤动、心跳和呼吸停止症状。有些严重电击患者当时症状虽不重，但在1小时后可突然恶化。有些患者触电后，心跳和呼吸极其微弱，甚至暂时停止，处于"假死状态"，因此要认真鉴别，不可轻易放弃对触电患者的抢救。

2. 电热灼伤。电流在皮肤入口处灼伤程度比出口处重。灼伤皮肤呈灰黄色焦皮，中心部位低陷，周围无肿、痛等炎症反应。但电流通路上软组织的灼伤常较为严重。肢体软组织大块被电灼伤后，其远端组织常出现缺血和坏死症状，血浆肌球蛋白增高和红细胞膜损伤引起血浆游离血红蛋白增高均可引起急性肾小管坏死性肾病。

3. 闪电损伤。当人被闪电击中，心跳和呼吸常立即停止，伴有心肌损害。皮肤血管收缩呈网状图案，认为是闪电损伤的特征，继而出现肌球蛋白尿。其他临床表现与高压电损伤相似。

NO.74　触电急救"八字方针"

1. **迅速**。要争分夺秒让触电者脱离电源，如迅速关掉电源闸或用绝缘物体将触电者挑离电源。

2. **就地**。必须在触电现场附近就地进行抢救，否则可能会耽误抢救最佳时机。

3. **准确**。指急救的动作必须准确。

4. **坚持**。只要有1%的希望，就要尽100%的努力来坚持抢救。

NO.75　六类不能用水扑灭的火灾

1. 带电火灾。应选用磷酸铵盐等干粉灭火器、二氧化碳灭火器。

2. 油脂类、酒精类火灾。应采用空气隔离法，用物体迅速将燃烧物体盖住来灭火。

3. 气体燃烧类火灾。应选用干粉、二氧化碳灭火器。

4. 金属类火灾。一般采用干沙或者泥土覆盖灭火。

5. 可燃粉尘，如面粉、铝粉、糖粉、煤粉等发生的火灾。

6. 储存有大量硫酸、浓硝酸、盐酸等物品的场所发生的火灾。

NO.76　电梯下坠自救指南

1. 赶快把每一层的按键都按下。当紧急电源启动时，电梯可以马上停止继续下坠。

2. 紧握扶手。固定身体，避免因重心不稳而摔伤。

3. 将背部跟头部紧贴电梯内墙，用电梯墙壁作为脊椎的防护。

4. 膝盖呈弯曲姿势。韧带是人体富含弹性的组织，可以用膝盖弯曲来承受重击压力。

NO.77　索道事故自救指南

1. 索道偶然停车时不要着急，注意收听线路广播。

2. 索道故障短时间内不能排除时，要稳定情绪等待工作人员前来营救，不可自行离开车厢。

3. 救护人员到达后，一定要服从救护人员的指挥，首先营救儿童、老人和妇女。

4. 到达地面后，尽量避开索道行驶区，有秩序地向索道站转移。

NO.78　高速公路上前车急刹紧急应对

1. 第一时间采取紧急刹车。如果条件允许，例如在平直干爽路面上，可以全力刹车，这样可以尽可能地将车辆刹停，或者至少能将碰撞力度降到最低。

2. 急刹过程中不能打方向盘。这样做既可避免紧急转向避让可能引发的车辆失控，也可避免被后车撞上造成更严重的伤害，还能防止祸及更多无辜的过路车辆。

NO.79　四类常用灭火剂

1. 水系。（不能用水扑灭的火灾见P.31）可扑救可燃固体、可燃油类、可燃气类及1000V以下带电设备的初起火灾。

2. 干粉灭火剂。不适用于精密仪器的火灾。

3. 泡沫灭火剂。不适用于电气、精密仪器、贵重文件的火灾。

4. 二氧化碳灭火剂。适用于金属及其氧化物的火灾，以及电气、精密仪器、贵重文件的火灾。

NO.80　森林火灾自救指南

1. 立即用湿毛巾遮住口鼻，附近有水的话把身上的衣服浸湿。

2. 判明火势大小、方向，逆风逃生，切不可顺风奔逃。

3. 躲避不及时，应选在附近没有可燃物的平地卧地避烟，切不可选择低洼地或坑、洞躲避。

4. 快速向山下跑，切忌往山上跑。

5. 如果时间允许，可以点火烧掉周围的可燃物，当烧出一片空地后，迅速进入空地卧倒避烟。

6. 顺利脱离火灾现场之后，还要注意预防、应对有害蚊虫、蛇或野兽的侵袭。

NO.81　井下作业事故自救指南

1. 在确保安全的前提下采取积极有效的技术措施，最大限度地减少事故造成的伤害和损失。

2. 立即进行个人防护自救措施，佩戴好自救器具或用毛巾捂住口鼻，安全撤离事故灾区。

3. 以最快的速度、最短的时间选择最近的安全路线撤离灾区。

4. 进入预先构筑的安全避难室或其他安全地点暂时等待救护。

5. 立即向调度报告灾情，并向可能波及的区域发出警报。

NO.82　遇不明放射源紧急应对

1. 发现无人管理的标有电离辐射标志的物体，或用铅、钢、石蜡等制成的圆柱形或球形物时，千万不要擅自移动，不要打开，也不要捡回家中或卖给废品收购站。

2. 发现无人管理的闪闪发光的金属物品等不明物体时，要迅速远离现场，千万不要移动，更不要捡回家中。

3. 在可疑物体附近设立警示标志，警告他人不要靠近，并立即打电话告知环保部门或公安部门。

NO.83　化学品灼伤眼睛紧急处理

1. 尽快用大量清水（如自来水、蒸馏水）冲洗眼睛，注意不要把水溅进未受伤的眼睛里，不要用手揉眼睛。

2. 可以把整张脸泡在水里，连续做睁眼和闭眼动作。

3. 冲洗干净后，用干净的布料护住受伤的眼睛，迅速前往医院接受救治。

NO.84　断肢紧急处理

1. 让伤者躺下，将洁净布块放在断肢伤口上，再用绷带固定位置。

2. 若是手臂断，把断臂挂在胸前；若是腿断，应与另一条腿包扎在一起。

3. 打电话急召救护车，并安慰伤者。

4. 尽量找回散落的伤者断肢，用清洁的布块包好放入塑料袋内并保持低温。到医院后，把断肢交给救护人员。

NO.85　宝宝噎食紧急处理

1. 将宝宝面朝下放在前臂上，固定住头和脖子，用手腕迅速拍宝宝肩胛骨之间的背部四下。

2. 将宝宝翻过来仰躺，用两根手指在他的胸骨间迅速推四下。使宝宝提颚张开气管，再尝试发现异物，用手指将其弄出。

3. 清除异物后，试着用嘴对嘴或者嘴对鼻的呼吸法帮助宝宝呼吸。

4. 对噎食严重的宝宝，应呼叫救护车，迅速送往医院接受救治。

NO.86　五种伤口不能贴创可贴

1. 小而深的伤口。可能引发或加重感染。

2. 动物咬的伤口。使用创可贴会使毒汁和病菌在伤口内蓄积或扩散。

3. 各种皮肤疖肿。贴创可贴不利于脓液的吸收和引流，反而会有利于细菌的生长繁殖。

4. 污染较重的伤口。可能引发或加重感染。

5. 表皮轻微擦伤。用碘酒或酒精涂一下即可。

NO.87　皮肤晒伤紧急处理

1. 如果皮肤被晒红，可用蘸了化妆水的化妆棉不断交替敷于表面，直至皮肤感觉到冰凉。

2. 如果皮肤被晒伤，可将化妆水放入冰箱，待冻成冰块后再将冰块放在晒伤处。

3. 如果皮肤感觉疼痛，可采用冰敷，不要使用任何护肤用品。

4. 待晒伤的皮肤得到缓解之后，应大量补充水分。

NO.88　脚磨起泡紧急处理

若脚磨起泡，主要应对方法是将泡穿刺与引流。首先用热水烫脚5~10分钟，然后用碘酒或酒精对脚泡局部消毒，再用消毒的针刺破脚泡，使泡内液体流出，也可用消毒的马尾穿过脚泡引流。

注意切忌剪去泡皮，以防感染。

NO.89　缓解水土不服的方法

1. 禁食8小时以上，避免喝牛奶和吃蔬菜水果，同时补充盐糖水，症状控制后可以喝一些清炖鱼汤、肉汤，逐步过渡到瘦肉、蛋羹等，但一定要保证熟透。

2. 如果胃肠痉挛明显，可以用热水袋热敷。

3. 如果每日腹泻超过4次或伴有发热、黏液便、脓血便等情况，则须尽快就医。

NO.90　吃错五种药的催吐方法

1. 如食入大量安眠药或其他毒性大的药物，可以用筷子或汤匙压患者舌根部反复引吐。

2. 误服碘酒，可以灌米汤或蛋清，然后催吐，反复进行，直到呕吐物无碘酒色为止。

3. 误服强酸剂，可以用肥皂水或苏打水灌服，反复引吐。

4. 误服强碱液，可以先喂些食醋，然后以醋兑水洗胃。

5. 误服来苏尔液，可用温水或植物油洗胃，并随之灌服蛋清、牛奶或豆浆，延缓吸收后催吐。

6. 情况紧急的中毒，马上送医救治。

—— NO.91　误饮洗涤剂紧急处理 ——

1. 误食洗衣液（粉）。会出现胸痛、恶心、呕吐、腹泻、吐血和便血症状，并有口腔和咽喉疼痛，应尽快予以催吐，然后喂服牛奶、鸡蛋清、豆浆、稠米汤，并立即送医院救治。

2. 误食餐具洗涤剂。因其碱性强，对食道和胃破坏性较大，应立即喂服约200毫升牛奶、酸奶或少量食用油，以缓解对胃黏膜的刺激，并送医院急救。一般说来严禁催吐和洗胃。

3. 误食洁厕灵。极易造成食道和胃的化学性烧伤，以及中毒，应马上喂服牛奶、豆浆、鸡蛋清或花生油，并尽快送医院急救处理，切忌催吐、洗胃及灌肠。

—— NO.92　农药中毒紧急处理 ——

1. 马上消除农药污染源，防止农药继续进入人体内，田间施药引发的农药中毒应立即将患者移置于阴凉透风的地方。

2. 经皮肤吸收引起的中毒者，应立即脱去被污染的衣裤，迅速用肥皂水冲洗患者皮肤（敌百虫除外），中毒较重者应立即就近送入医院治疗，请注意带好中毒农药标签，以便医生确认。

3. 经消化道进入引起的中毒者，应立即喝冷开水、催吐，并尽快送医院救治。

4. 经呼吸道吸入引起的中毒，应立即将中毒者带离现场，至空气新鲜处，并解开患者衣领、腰带，以保持呼吸畅通，但同时要注意保暖，并及时送医院治疗。

—— NO.93   打嗝紧急处理 ——

打嗝即呃逆，是一种令人讨厌的生理常见现象。以下几种方法可快速消除呃逆。

1. 深呼吸。如进食时发生呃逆，应暂停进食，做几次深呼吸，往往在短时间内能止住呃逆。

2. 呃逆频繁时，可按压大拇指甲根部桡侧面，要用一定的力量直至有明显酸痛感。

3. 取一根细棒（或竹筷），一端裹上棉花，放入患者口中，用其软端按端前软腭正中线一点，此点位置在硬、软腭交界处稍后面。一般按摩一分钟就能有效地控制呃逆。

4. 喝7~10口温开水，慢慢咽下，并做弯腰90度的动作10~15次。

—— NO.94   鱼刺鲠喉紧急处理 ——

1. 张口，用筷子或匙柄轻轻压住舌头露出舌根，打着手电筒看能否看到有鱼刺等异物。如看到鱼刺可用镊子夹出。

2. 若鱼刺不大，可含一些食醋，慢慢地吞下；或用中药乌梅（去核）蘸砂糖含化咽下；或用中药威灵仙30克加水两碗煎成药，30分钟内慢慢咽下，鱼刺即可软化自落。

3. 千万不能大口吞咽饭团或菜团企图把鱼刺压到胃内。否则轻者加重局部组织损伤，重者或可造成食管穿孔甚至伤及大血管引起出血。

4. 如果是较大或扎得较深的鱼刺，并疼痛感强，应立即去医院治疗。

NO.95　辨别中风的"FAST"法则

1. F即face（脸）：中风者脸部会出现不对称的情况，且无法正常微笑。

2. A即arm（手）：让疑似中风者举起双手，看是否有一侧肢体麻木无力。

3. S即speech（言语）：请疑似中风者重复说一句话，看是否出现语言表达困难。

4. T即time（时间）：立刻呼叫救护车，告知医护人员中风者的主要症状和发病时间。

NO.96　中风的家庭急救须谨慎

1. 发现中风者后，不要急于扶起，最好两三个人把病人平托到床上，头部略抬高，避免震动。

2. 松开衣领和腰带，以减少身体的束缚所造成的血压变化以及脑中风恶化。

3. 如果中风者有呕吐现象，务必侧躺并让瘫痪侧在上方，以避免呕吐物误入呼吸道。

4. 如果中风者发生抽搐，可用筷子或小木条裹上纱布垫在其上下牙间，以防咬破舌头。

NO.97　毒蘑菇中毒紧急处理

1. 立即呼叫救护车。

2. 让中毒者大量饮用温开水或稀盐水，然后把手指伸进其咽部催吐。

3. 为防止反复呕吐发生脱水，可给患者喂服加入少量食盐和糖的"糖盐水"。

4. 对于已经发生昏迷的中毒者，不要强行灌水，防止引发窒息。

5. 注意为中毒者做好保暖措施。

NO.98　醉酒者的紧急处理

1. 醉酒者不省人事时，可取两条毛巾浸湿冷水，分别敷在其后脑和胸膈上，并不断喂服清水。

2. 空腹喝酒可能引起低血糖症，此时应喝点糖水，忌喝醋。

3. 在热毛巾上滴数滴花露水，敷在醉酒者的脸上，有助于醒酒止吐。

4. 如醉酒者出现抽搐、痉挛，要防止咬破舌头。

5. 轻度酒醉的人经过急救，睡几个小时后就会恢复常态；如已陷入昏迷，应马上送医院救治。

NO.99　旅途中腹泻可吃大蒜救急

旅行中容易暴饮暴食，或出现水土不服等症状，引起肠道疾病、急性胆绞痛。出现这些症状，应卧床静养，并用热水袋在右上腹热敷。

如出现呕吐、腹泻、剧烈腹痛等症状，可口服诺氟沙星、黄连素等药物，一时实在找不到药物的情况下，可以将大蒜拍碎服下。

NO.100　河豚中毒家庭紧急处理

1. 用手指、筷子刺激中毒者咽后壁诱导催吐，或灌入肥皂水或麻油催吐，反复洗胃。

2. 给中毒者喂服硫酸钠或硫酸镁溶液20毫升导泻。

3. 多给中毒者喂服温开水或凉茶水以增加排泄。

4. 对中毒已休克患者应让其平卧，头稍低，注意保暖；及时为昏迷、呼吸困难者消除口腔异物，保持呼吸道畅通。

5. 立即联系医院抢救。

二、饮食安全常识

—— NO.101　养生谣言巧辨别 ——

1. 掌握一些医疗保健常识。只有提高自身素养，才不会盲从或轻信。

2. 从正规渠道获取健康知识。不迷信所谓的"养生专家""养生大师"。

3. 掌握一些识破谣言的技巧。如养生谣言往往具有重复传播的特点，文章来源不明、专业性不强、数据不客观，还常会穿插广告等，这基本上都可以判定为谣言。

NO.102　养生谣言（一）：食物相克

本来无毒的两种食物碰到一起，需要发生复杂的变化才可能产生毒性。而人体不是一个合适的化学反应器，吃进肚子的食物成分之间发生的反应都很简单。在这样的条件下生成有毒物质的化学反应，目前还没有被人类发现。

我国发布的《中国居民膳食指南（2016）》中也提到，至今为止没有发现过真正因为食物相克导致食物中毒的案例。有时人们吃完东西不舒服，往往是因为食物不干净、食用方式不当、过敏体质等个人原因。而网络上的一些养生知识却片面地夸大了食物间的相互作用，并且忽视了剂量的重要性，才造成了中毒、致死等种种谣传。

NO.103　养生谣言（二）：致癌

《某食物吃了这么久，竟不知道它会致癌》《某某习惯竟然会致癌》《女性经期洗头会致癌》《常喝豆浆会得乳腺癌》，诸如此类标题的养生文章，基本上可以断定是养生谣言。

国际癌症研究机构（IARC）将致癌物分为四类：Ⅰ类，对人类致癌；Ⅱ类，很可能、可能对人类致癌；Ⅲ类，怀疑对人类致癌；Ⅳ类，对人类很可能不致癌。致癌物鉴定要经过严格的毒理学实验和流行病学实验，且癌症的发生因素有很多，如可能是环境因素、职业因素、饮食习惯和遗传等，不是信口开河就可以断定的。

NO.104　保健食品不是药，购买要看"蓝帽子"

1. 认清保健食品标志，只有带有"蓝帽子"标志的才是经过国家批准的保健食品，每个"蓝帽子"下都有批准文号，如"国食健字"和"卫食健字"。

2. 到取得"药品经营许可证"的正规药店购买保健食品，并妥善保管发票和相关凭证，不要盲目参加以销售产品为目的的健康讲座、免费体验等活动。

3. 慎重选择保健食品，以标签、说明书上的保健功能为准，不要盲目相信广告、讲座或体验等宣传。

4. 保健食品不能代替药品，只有降低疾病风险的辅助保健作用，患者绝不能以其代替药品使用。

5. 谨记药监投诉举报电话12331，遇到问题及时拨打。

NO.105　虚假保健食品十大"坑老"骗局

1. 免费体检、免费试用、免费健康咨询等"免费"陷阱。

2. 推销人员隔三岔五嘘寒问暖，对老人温情麻痹。

3. 推销人员对老人身边的人进行游说，使老人轻信亲近的人。

4. 针对老人设置"免费""额外"的礼品，使老人不自觉地接受。

5. 只重宣传不注重产品质量，使老人逐步陷入迷信"名牌"的误区。

6. 请来所谓的"专家""学者"发布"权威检测报告"；或假冒写感谢信、送锦旗；或制造热销、抢购等假象。

7. 设置推荐可获报酬的圈套。

8. 宣称产品"包治百病、治病于无形"。

9. 擅自在保健食品中添加某些违禁药品成分。

10. 租赁临时经营活动场所、设立流动摊点，或者直接上门推销。

NO.106　五招识别"瘦肉精"猪肉

1. 看猪肉皮下脂肪层的厚度。正常猪肉的肥膘为1~2厘米，太薄的就要小心了。

2. 看猪肉的颜色。含有"瘦肉精"的猪肉特别鲜红、光亮。

3. 将猪肉切成两三指宽，如果猪肉比较软，不能立于案上，就可能含有"瘦肉精"。

4. 看猪的臀部。喂"瘦肉精"的生猪屁股圆润，臀部较大。

5. 肥肉与瘦肉有明显分离，而且瘦肉与脂肪间有黄色液体流出，这样的猪肉也可能含有"瘦肉精"。

NO.107　五招鉴别"地沟油"

由于混合后的地沟油与合格的植物油在色泽、味道上都没有明显的区别，因此鉴别起来十分不易，我们可以借助一些"土办法"。

一看：看透明度，纯净的植物油呈透明状。

二闻：有异味的，很可能是含有地沟油。

三尝：口感带酸、焦苦味的可能是地沟油。

四听：点燃发出噼啪爆炸声，表明油的含水量严重超标，可能是地沟油。

五问：询问商家的进货渠道。

NO.108　居民健康膳食结构建议

1. 食物多样、谷类为主。

2. 多吃蔬菜、水果和薯类。

3. 常吃奶类、豆类或菌类及其制品。

4. 吃适量鱼、禽、蛋、瘦肉，少吃肥肉和荤油。

5. 食量与体力活动要平衡，保持适当的体重。

6．吃清淡少盐的膳食。

7．严禁酗酒，可少量饮用低度酒，青少年不宜饮酒。

8．吃清洁卫生、新鲜不变质的食物。

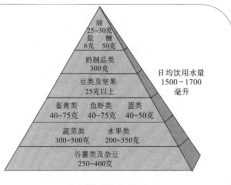

油
25～30克
盐 糖
6克 50克

奶制品类
300克

豆类及坚果
25克以上

日均饮用水量
1500～1700
毫升

畜禽类 鱼虾类 蛋类
40～75克 40～75克 40～50克

蔬菜类 水果类
300～500克 200～350克

谷薯类及杂豆
250～400克

合理膳食金字塔图

NO.109　少吃主食更健康吗?

主食是饮食营养的基础，主食中的碳水化合物是人体不可缺少的重要营养物质，对构成机体组织、维持神经和心脏功能、增强耐力、提高工作效率有重要意义。低碳水化合物饮食并不科学，还可能会导致口臭、腹泻、疲劳等症状。一般来说，成人每天应吃250～400克主食。

NO.110　多菜少饭并不健康

越来越多的科学家认为，多吃菜少吃饭并不健康，要减肥保持体形还是要吃碳水化合物。

这是因为多吃菜少吃饭，碳水化合物摄取量会愈来愈低，油却愈吃愈多。而人的饱食感主要来自碳水化合物，而不是油脂，也就是吃饭才会饱，高油脂的食物吃多了，不容易让人产生饱腹感，却反而容易长胖。

NO.111 谨防甜蜜陷阱

糖分是人类赖以生存的三大主要营养素之一，是人体热能的主要来源。糖分是自然界中最丰富的有机化合物，以淀粉、糖、纤维素的形式存在于粮、谷、薯类、豆类以及蔬菜水果中。适量摄入糖分让人心情愉悦，然而过量摄入糖分则会引起肥胖、动脉硬化、高血压、糖尿病以及龋齿等疾病。

一般来说，成年人一天需要的能量为2000卡左右，摄入添加糖的上限为200卡，而1克糖约含有4卡的能量，也就是说一天摄入的糖量不宜超过50克。现在流行的奶茶，就不能长期饮用。

NO.112 糖分摄入必须控制

1. 选择健康的糖分来源。少吃高糖零食，从水果蔬菜中摄入健康糖分。

2. 警惕"无糖"食物。一些所谓的"无糖食品"其实也是含有一定糖分的。

3. 多喝白开水，少喝饮料。切勿依赖各类饮料解渴。

4. 留意每日的糖分摄入量。购买食品时留意标签上的糖分含量。

NO.113 白开水是最好的饮料

1. 白开水容易解渴，有调节体温、输送养分及清洁身体内部、排除毒素的功能。

2. 白开水具有较强的生物活性，对于促进细胞新陈代谢、血液循环和维持电解质平衡都大有益处。

3. 饮用白开水可以增加血液中血红蛋白含量，增强人体免疫功能。

4. 白开水没有热量，不用消化就能为人体直接吸收利用。建议常喝30℃以下的温开水，这样不会过于刺激肠胃道蠕动，不易造成血管收缩。

NO.114　运动饮料有损牙齿健康

可乐等软饮料因为含糖分高，会对牙齿的健康造成威胁。而运动饮料不仅含糖，还含有酸性物质，会伤害牙齿最坚固的珐琅质。

如果一定要喝运动饮料，就尽量大口快喝，或者用吸管，这样可以减少饮料和牙齿接触的时间。喝完后不要立刻刷牙，最好是先用清水漱口，半个小时后再刷牙。

NO.115　不吃早餐的大危害

1. 容易发胖。不吃早餐，中餐必然会吃下过多的食物。

2. 影响女性容貌，使肤色呈难看的灰白或蜡黄色。

3. 导致皮肤干燥、起皱和贫血，加速衰老。

4. 胃、结肠反射动作会逐渐减弱，易引起便秘。

5. 营养不均衡，抵抗力低。

6. 胆囊中的胆汁不能及时排出，易患胆结石。

7. 易患消化道疾病。

8. 血糖水平相对降低，影响学习和工作能力。

9. 加大患慢性病的可能性。

10. 易诱发心肌梗死等心血管疾病。

NO.116　早餐两宜、两不宜

　　宜软不宜硬。早晨时人胃口不开、食欲不佳，早餐不宜进食油腻、煎炸、干硬以及刺激性大的食物，否则易导致消化不良。早餐宜吃容易消化的温热、柔软的食物。

　　宜少不宜多。早餐不可不吃，但也不宜吃得过饱。饮食过量会超过胃肠的消化能力，食物便不能被完全消化吸收，久而久之，会导致消化功能下降，胃肠功能发生障碍而引发胃肠疾病。

NO.117　早餐应该吃什么？

　　1. 富含优质蛋白质的食物。如鸡蛋、牛奶、豆浆。

　　2. 开胃的、富含各种维生素的食物。如鲜榨果汁、各种蔬菜、各类水果。

　　3. 富含碳水化合物的主食。如面包、花卷、包子、馒头等面食点心，各种粥品。

　　4. 少吃油炸食物。如炸油饼、炸油条、炸糕、炸馒头片等，即使爱吃也应尽量少吃。

NO.118　晚餐应该怎么吃？

　　1. 晚上6点左右吃晚餐最佳。

　　2. 晚餐少吃睡得香。晚餐后4个小时内不要就寝，这样可使晚上吃的食物充分消化。

　　3. 晚餐应多选择富含膳食纤维和碳水化合物的食物。

　　4. 晚餐尽量不要吃水果、甜点、油炸食物，也不宜喝酒。

NO.119　合理饮食才能减肥

1. 合理选择三餐食物种类和数量，而不是简单地根据自己的喜好选择食物。

2. 重视主食的摄入，因为主食中含有丰富的碳水化合物，能给运动减肥者充足的能量。

3. 动物蛋白和植物蛋白的搭配比例要适宜，避免摄入过多肉类，可多吃牛奶和豆制品。

4. 吃各种各样的蔬菜和水果，可特别增加生食的蔬菜，如蔬果沙拉，以减少烹煮时营养素的损失。

5. 少吃或不吃油炸食物，肥猪肉、烤鸭、腊肉、奶油等也不宜多吃。

NO.120　饭后"八不急"

1. 不急于吸烟。饭后吸烟的危害比平时大得多，对肝脏、大脑及心脏血管损害极大。

2. 不急于洗澡。饭后马上洗澡会让体表血流量增加，而胃肠道的血流量会相应减少，从而使肠胃的消化功能减弱。

3. 不急于吃水果。食物滞留在胃中，长此以往可导致消化功能紊乱。

4. 不急于散步。饭后急于运动会影响消化道对营养物质的消化吸收。

5. 不急于饮茶。茶中的鞣酸可导致食物中的铁质丢失。

6. 不急于上床。饭后立即上床休息不益于消化，且容易发胖。

7. 不急于开车。饭后立即开车更易发生车祸。因为食物消化需要大量血液，易造成大脑器官暂时性缺血，从而导致操作失误。

8. 不急于松裤带。这样虽然肚子舒服，但却容易引起胃下垂等消化系统疾病。

NO.121　饭后勿立即剧烈运动

饭后进行剧烈的运动，大量的血液就会流向运动器官尤其是四肢，以保证肌肉工作的需要，这就会造成消化系统供血不足，胃肠蠕动因此会减慢变弱；同时交感神经兴奋性提高，迷走神经兴奋性减低，使消化液的分泌受到抑制，影响消化和吸收过程。如果经常在饭后进行剧烈运动，会导致消化不良、胃溃疡等胃肠疾病，严重的还会引起呼吸系统和心血管系统疾病。

一般来说，应至少在饭后半小时后再进行剧烈运动，竞赛活动则最好安排在饭后一小时以后再进行。

NO.122　运动后不宜大吃肉、鱼、蛋

许多人在体育锻炼后常有肌肉发胀、关节酸痛、精神疲乏之感。为了尽快解除疲劳，就会多做些肉、鱼、蛋等大吃一顿，以为这样可补充营养，缓解疲劳，满足身体需要。其实，此时过多摄入这些高脂肪、高蛋白、高热量食物不但不利于解除疲劳，反而会对身体有不良影响，正确的做法还是保持日常的饮食均衡。

—— NO.123　高血压患者饮食"五少三多" ——

五少：少喝酒，酗酒对于高血压患者有致命危害；少喝碳酸饮料；少喝咖啡，可以适当喝些绿茶或花茶；少吃饼干、匹萨饼，因为其中所含反式脂肪酸会增加患高血压的风险；少吃加工肉食，因为其含有很高的盐分。

三多：多吃水果蔬菜；多喝低脂奶；多用调味品代替食用盐。

—— NO.124　纯天然食品就一定安全吗？ ——

很多人认为，纯天然的、没有添加剂的食品就是安全的，这是一种错误的观念。市场上大肆对各类"纯天然食品"进行的宣传、美化，其实多是一种商业宣传，易对消费者产生误导。

即使是纯天然食品，含有人体所需的营养物质，也可能含有一些天然有毒物质；并且纯天然的水果、蔬菜也可能残留各种农药、重金属等有毒成分，不注意清洗干净，也会危害健康。

—— NO.125　不必对食品添加剂谈虎色变 ——

谈食品添加剂色变，更多的原因是混淆了非法添加物和食品添加剂的概念，而需要注意防范和严厉打击的是食品中的违法添加行为。

食品添加剂能改良食品品质，防腐、保鲜，改善加工工艺，被誉为"现代食品工业的灵魂"，我们对食品添加剂无须过度恐慌，随着国家相关标准的出台，食品添加剂的生产和使用必将更加规范。当然，我们还是应加强自我保护意识，多了解一些食品安全的知识，尤其不要购买颜色过艳、味道过浓、口感异常的食品。

NO.126 食品添加剂的主要作用

1. 防止由微生物引起的食品腐败变质，延长食品的保存期，还有防止由微生物污染引起的食物中毒作用。

2. 改善食品感官性状，满足人们的不同需要。

3. 提高食品的营养价值，这对提高人们的营养及健康水平具有重要意义。

4. 增加食品品种，给人们的生活和工作带来极大方便。

5. 有利于食品的加工操作。

6. 满足人们的不同需求。例如糖尿病人不能吃糖，可用无营养甜味剂或低热能甜味剂制成无糖食品。

NO.127 科学用盐小知识

1. 密封保存食盐，避免日光暴晒。

2. 随买随吃，不要一次购买太多而长期存放。

3. 避免高温爆炒。菜八成熟后才放入盐，可减少盐中碘的损失。

4. 从可靠渠道购买质量合格的食盐。

5. 甲状腺功能亢进、甲状腺炎症患者等极少数人，生活在高碘地区的居民，因治疗疾病不宜食用碘盐，应购买非加碘食盐。

NO.128 几种常见营养强化食盐

1. 锌强化营养盐。有助儿童生长发育。

2. 铁强化营养盐。可用于防治缺铁性贫血。

3. 钙强化营养盐。适用于各种需要补钙的人群。

4. 硒强化营养盐。硒是一种排毒、防癌的有益元素。

5. 核黄素强化营养盐。用于补充和防治维生素B_2缺乏症。

6. 低钠盐。适用于高血压和心血管疾病患者。

NO.129 定期吃无盐餐更健康

世界卫生组织建议，每人每日盐摄入量不宜超过6克。定期吃一顿没有食盐的午餐或者晚餐，会给健康带来许多意想不到的好处。食用没有食盐的食物有利于平衡细胞内外渗透的压力，从而释放部分对细胞不利的因素，让肠胃和血管得到充分净化。当然，无盐餐也不能吃得太频繁，一周最多两次，因为盐摄入得太少同样会破坏体内的离子平衡，对身体不利。

NO.130 心血管疾病患者如何限盐

1. 早餐喝牛奶或豆浆等，吃些面包或馒头一类的面食，完全不含盐。

2. 午餐或晚餐吃些甘薯，既可减少食盐摄入量，又能增加钾的摄入量。

3. 尽量少加食盐，为了提味，可加少量糖、醋或辣调味。

4. 不吃或少吃咸菜、腌肉制品。

5. 适当多吃豆类、蔬菜和水果等富含维生素和钾的食物。

NO.131 炒菜时味精要晚放

味精的主要成分为谷氨酸钠，谷氨酸钠这种物质不太稳定，若在高温烹饪时加味精，当温度达到100℃且时间超过10分钟，谷氨酸钠就会变成焦谷氨酸钠，不仅没有鲜味，还会对人体的神经产生毒性。

炒菜起锅后，温度降至70℃~90℃再放入味精，溶解度最好。建议最好少吃或不吃味精，可用鸡精、鸡粉等调味品代替。

NO.132 当心"美味综合征"

"美味综合征"是指由于短时间内食用了大量的鸡、鸭、鱼、肉等美味佳肴，使人出现头昏、心慌等一系列症状。其原因是美味佳肴中含有较多的谷氨酸钠，它是味精的主要成分，具有刺激味觉、增进食欲的作用，但如果食入过多，则会分解成谷氨酸，使新陈代谢出现异常，导致疾病的发生。对此，我们的日常饮食应做到有粗有细、荤素搭配，切不可暴饮暴食。

NO.133 吃太辣影响人体免疫力

辣味可刺激汗腺分泌，加速新陈代谢和气血运行，但吃辣要适量，辣吃多了不仅会让人便秘、上火，还易诱发感冒或其他疾病，这主要是因为过多吃辣会导致免疫力降低。

德国一项最新研究显示，吃辣最好在中午，此时肠胃的消化能力最强，晚上吃辣则易导致胃溃疡。吃辣后，应适当增加饮水量和蔬菜、水果的摄入量，以淡化对身体的不利影响。

NO.134 食用油怎么吃才健康

1. 普通的花生油和大豆油，建议冷锅冷油，尽量不要热锅炝油或者用来煎炸。

2. 茶油和橄榄油，不宜用来炒菜，宜用来凉拌。

3. 不长期单一地吃一种食用油，应该不同品种的油换着吃。

4. 宜采用"三合一套餐"，即亚麻籽油、橄榄油或茶油、菜籽油或豆油或花生油或玉米胚芽油，按1∶1∶1的比例混合食用。

NO.135 食用油使用注意事项

1. 不要加热至冒烟，因为食用油开始冒烟即开始劣化。

2. 勿重复使用，一冷一热，重复加热，食用油容易变质。

3. 用于油炸的油使用次数不超过3次，并选用较耐高温的食用油来油炸食品。

4. 食用油使用完后应拧紧盖子，避免食用油与空气过多接触而氧化。

5. 避免把食用油放置于阳光直射或炉边过热处，应置于干燥阴凉处。

6. 用过的食用油不要倒入原油中，以免造成劣化变质。

NO.136 饮茶四忌

适当饮茶对身体确实有好处，但有四点需要特别引起注意：

1. 喝浓茶小心"茶醉"。

2. 饮茶要适量。以每日1~2次、每次2~3克为宜。

3. 忌空腹、服药时或睡前饮浓茶。

4. 少饮新茶。新茶中多含活性较强的咖啡因、生物碱等物质，多喝易使人"茶醉"。

NO.137　咖啡一天不宜超两杯

咖啡因在摄入过程中，对量的控制十分重要。摄入太多咖啡因会导致中毒，其症状是烦躁、紧张、刺激感、失眠、面红、多尿和消化道不适。成人每日咖啡因的安全摄入量为300毫克，超过300毫克则容易出现上述中毒症状。

一般认为，以240毫升一杯为单位，每杯咖啡中含有的咖啡因量为65~120毫克，因此，每天饮用两杯咖啡不会产生因咖啡因而引起的健康问题。

NO.138　适量饮酒保平安

1. 啤酒：一天最多一瓶。市面上常见的啤酒为原麦汁11度，其酒精含量多为3.7度，如此算来，啤酒一天的饮用量最好不要超过一瓶（或小罐装两罐）。

2. 白酒：低度白酒不超过100毫升，中度白酒不超过50毫升，烈性高度白酒不超过25毫升。

3. 葡萄酒：每次饮用50~100毫升为宜，每天不宜超过200毫升。高度葡萄酒则要减量，最多不超过150毫升。

NO.139　六类人不宜饮酒

1. 心脑血管疾病患者。尤其是饮用高度酒，会加重病情，还可能会引起血管痉挛或休克。

2. 胃、肠疾病患者。严重的可能会引起大出血。

3. 肝脏疾病患者。会加重病情，还可能诱发肝硬化、酒精肝。

4. 糖尿病患者。引起血液中葡萄糖含量过高，加重糖尿病症状。

5. 睡觉打鼾的人。酒后入睡易造成呼吸道堵塞，出现窒息现象。

6. 孕妇或哺乳期妇女。

NO.140　谨防自制药酒中毒

许多人喜爱自己在家制作药酒，但有些常用药材使用不善，对人体有害。因此在制作药酒时，先要熟识各种药材的属性。试举例如下：

1. 马钱子。炮制后才可药用，且超量或长期服用会引起毒性反应，严重者可导致昏迷。

2. 川乌、草乌。炮制和煎煮后对人体感觉神经和运动神经有麻痹作用，生的则严禁食用。

3. 水蛭。超量或长期服用可引起内脏出血和肾损害。

4. 苍耳子。对心脏有抑制作用，能使心率减慢、收缩力减弱。

NO.141　几种不宜下酒的菜

1. 胡萝卜。所含的胡萝卜素与酒精在肝脏酶的作用下会生成有毒物质，危害健康。

2. 凉粉。用凉粉佐酒会延长酒精在胃肠中的停留时间，因而增加人体对酒精的吸收。

3. 熏腊食品。含有较多的亚硝胺类物质和色素，与酒精产生反应，不仅伤肝，而且损害口腔、食道与肠胃黏膜。

4. 烧烤。吃烧烤食物时饮酒过多会使血铅含量增高，同时吃烧烤还易诱发消化道肿瘤。

NO.142　牛奶越浓越好吗？

其实，天然牛奶的香度和浓度都是定量的，而市面上的一些牛奶比较香且浓度很高，这并不是因为奶源品质好，而是在牛奶加工过程中添加了一些香精和增稠剂等添加剂；有的妈妈在给孩子泡奶粉时，多放奶粉少放水，认为这样泡出的浓牛奶营养会更好。

其实经常喝过浓的牛奶，会有很大的健康隐患，比如那些来不及消化吸收的蛋白质会被人体肠道中的细菌所利用，产生许多对人体有害的物质，增加肝脏负担。如果常给宝宝喝过浓的牛奶，则会使宝宝幼小的肾脏不堪重负。

NO.143　喝了牛奶腹泻怎么办？

1. 乳糖不耐受症人群控制好牛奶饮用量，宜少量多次饮用，坚持两三周后乳糖酶一般都能恢复。

2. 不宜多饮冷牛奶，因为冷牛奶会影响肠胃运动机能，引起轻度腹泻，从而使牛奶中的营养成分多数不能被人体吸收利用。

3. 对牛奶过敏者，鼻炎、哮喘等呼吸道疾病患者或荨麻疹患者，应忌饮牛奶。

NO.144 饮用酸奶须注意

1. 不宜过多饮用。嗜酸乳杆菌群摄入过多会导致肠道中原有的微生物菌群生态平衡失调，从而引发某些肠道疾病。

2. 不宜煮沸饮用。嗜酸乳杆菌是活的细菌营养体，若煮沸，活菌变为死菌，使菌体失去其特有的保健功效。

3. 不宜空腹饮用。喝酸奶的最适宜时间应在饭后2小时以内，有利于发挥其独特的保健功效。

4. 不宜与药物、浓茶同食。这样会使酸奶中的嗜酸乳杆菌被杀灭或活力下降。

NO.145 吃钙片不如多喝牛奶

每100毫升牛奶中含钙104毫克，如果每天早餐时喝250毫升牛奶，就能摄入260毫克钙。晚饭后如能再喝100毫升酸奶，再加上一日三餐中谷物、鱼禽肉蛋、蔬菜、水果等提供的钙，基本可达到800毫克的钙推荐摄入量，不用再额外补钙。此外，奶类还富含维生素D，可促进钙的吸收利用。

NO.146 别把豆浆当水喝

1. 豆浆一次喝得过多，容易引起"过食性蛋白质消化不良"，出现腹泻、腹胀等症状。

2. 黄豆中含嘌呤高，豆浆当水喝容易引发尿酸高，从而发生痛风。

3. 空腹大量喝豆浆，豆浆里的蛋白质大都会在人体内转化为热量而被消耗掉，不能充分起到补充营养的作用。

NO.147　豆浆没煮熟千万别喝

没有煮熟的豆浆对人体是有害的。这是因为生黄豆中含有皂苷（皂角素），可引起恶心、呕吐，导致消化不良；生豆浆中含有胰蛋白酶抑制物，会降低人体对蛋白质的消化能力；所含的细胞凝集素，会引起凝血；其产生的脲酶毒苷类物质，会妨碍碘的代谢，抑制甲状腺素的合成，引起代偿性甲状腺肿大。但经过烧熟煮透，这些有害物质就会被破坏，使豆浆对人体没有害处。

NO.148　鸡蛋生吃坏处多

1. 生鸡蛋中含有抗酶蛋白和抗生物蛋白，前者会影响蛋白质的消化、吸收，后者会形成人体无法吸收的物质，但这两种物质一经蒸煮就会被破坏，不再影响人体对营养素的吸收。

2. 生鸡蛋的蛋白质结构致密，不容易被人体消化吸收。而煮熟了的鸡蛋中的蛋白质的结构变得松软，容易被人体消化吸收。

3. 生鸡蛋大都带有致病菌、霉菌或寄生虫卵，即使含量极少，也可能引起食物中毒。

NO.149　六种鸡蛋不能吃

1. 臭鸡蛋。由于细菌侵入鸡蛋内大量繁殖，产生变质，食之可能引起细菌性感染。

2. 粘壳蛋。因储存时间过长，蛋黄膜由韧变弱，蛋黄紧贴于蛋壳，不宜再食用。

3. 死胎蛋。所含营养已发生变化，蛋白质被分解而产生多种有毒物质。

4. 裂纹蛋。细菌很容易从裂纹侵入，若放置时间较长则不宜食用。

5. 发霉蛋。蛋壳失去表面的保护膜，细菌侵入蛋内使鸡蛋发霉变质。

6. 散黄蛋。细菌在蛋体内繁殖，蛋白质已变性，失去营养价值。

NO.150　四类人不宜多吃鱼

1. 痛风患者。鱼、虾类含有可引起痛风的嘌呤类物质。

2. 出血性疾病患者。鱼肉中所含的一种物质可抑制血小板凝集，从而易加重出血性疾病症状。

3. 肝肾功能严重损害者。过多吃鱼会加重肝、肾负担，尤其是肝硬化患者，会使病情恶化。应在医生指导下，定量吃鱼。

4. 结核病患者。此类病人服用抗结核药物时如果食用某些鱼类容易发生过敏反应，轻者头痛、恶心，重者出现皮疹、腹泻、高血压、呼吸困难，甚至诱发脑出血等。

NO.151　死蟹有毒吃不得

螃蟹生活在水中，喜欢吃水中的死鱼、死虾等腐败的动物尸体，体内会感染一定的细菌，尤其是河蟹，大多生长在污浊的河塘，蟹体内外沾有大量的病菌。活螃蟹可以通过体内的新陈代谢将细菌排出体外，一旦死亡，体内的细菌在短时间内就会大量繁殖，分解蟹肉，有的细菌还会产生毒素。人若吃了这样的螃蟹就会引起食物中毒，常见的表现有恶心、呕吐、腹痛、腹泻；严重者可发生脱水、电解质紊乱、抽搐，甚至引发休克、昏迷、败血症等。

NO.152　多禽少畜护心脏

对于肉食，人们大多又爱又怕，因为其脂肪含量高，大量食用容易与高脂血症、冠心病、中风、糖尿病等挂钩。其实与猪、牛、羊等畜肉相比，禽肉不仅脂肪含量仅约为前者的三分之一，而且所含脂肪的结构更接近于橄榄油，所以多吃禽肉少吃畜肉有一定的保护心脏的作用。

NO.153　不熟的肉类易致多种疾病

吃没有煮熟的肉类，容易因感染沙门氏菌、葡萄球菌、大肠杆菌、肉毒杆菌和肝炎病毒、真菌毒素而引发食物中毒。其中，吃了没有煮熟的鱼类，或用刚捉到的小鱼做下酒菜，易患肝吸虫病；热衷吃未熟的猪肉和牛肉，易引发猪带绦虫、牛带绦虫病；吃醉蟹，未煮熟的淡水蟹或贝类，易患肺吸虫病。

NO.154　海鲜好吃，但要适量

海鲜虽然含有丰富的营养物质，但受海洋污染的影响，往往也含有一些毒素和有害物质，过量食用易加重肾脏负担，导致脾胃受损，引发胃肠道疾病。

若食用海鲜方法不当，重者还会发生食物中毒。所以，食用海产品要注意适量适度，一般每周1~2次即可。

NO.155 吃贝壳类食物要"三防"

1. 防过敏。贝壳类食物的蛋白质与人体蛋白质在结构上差异较大,对海鲜过敏的人会发生哮喘、荨麻疹等反应。

2. 防中毒。贝壳类食物多含有寄生虫,且在运输、贮藏过程中易被沙门氏菌、嗜盐菌感染,食用前要烧熟煮透。

3. 防伤食。贝壳类食物多数不易嚼烂,难消化,老年人、幼儿、慢性肠胃病患者不宜多食。

NO.156 海鲜生吃,先冷冻再浇点儿淡盐水

海鲜及一些水产品含有细菌及寄生虫,对肠道免疫功能差的人来说,生吃海鲜具有潜在的危害。如果一定要生吃海鲜,必须要冷冻至少15个小时,吃之前再浇上一些淡盐水,尽可能地杀死细菌,确保卫生安全。

除了少数大超市和水产批发市场,其他渠道购买的海鲜大都不符合保存标准,不宜生吃。

NO.157 哪些人不宜吃海鲜

1. 痛风、关节炎和高尿酸血症病人。海鲜中嘌呤含量较高,容易在体内形成尿酸结晶加重病情。

2. 甲状腺功能亢进的病人。因为海鲜含碘量较高,会加重病情。

3. 孕妇和哺乳期妇女。每周最多一次,每次100克以下,而且不要吃金枪鱼等因污染而含汞量高的海鱼。

4. 胆固醇高的人和过敏体质的人,以及胃肠疾病患者,都不宜多吃海鲜。

NO.158　吃海鲜不宜配啤酒

海鲜是高蛋白、低脂肪食物，但含有嘌呤和苷酸两种成分；啤酒则含有维生素B_1，是嘌呤和苷酸分解代谢的催化剂。边吃海鲜边喝啤酒，造成嘌呤、苷酸与维生素B_1混合在一起，发生化学作用，会导致人体血液中的尿酸含量增加，破坏原来的平衡；尿酸不能及时排出体外，以钠盐的形式沉淀下来，容易形成结石或引发痛风。

NO.159　虾皮是最好的补钙食品吗?

虾皮营养丰富，富含人体必需的多种矿物质，尤其钙含量相当丰富，有钙库之称。而且虾皮中所含钙、镁、磷的比例适当，有利于人体对钙的吸收利用。

但是，虾皮却不是补钙的最好的食品。这是因为：首先，虾皮中含盐量高，每次吃的量也不是很多；其次，虾皮质地坚硬，钙的消化利用率不太高。

NO.160　夏天吃得越"冰"越易中暑

1. 细胞的代谢和转化必须有酶的参与，酶在35~40℃之间活性最好，摄入冰镇食品过多会影响酶的活性。

2. 大量摄入冰镇食品，人体局部的温度短时间内降低，消化系统一下子无法适应，继而影响到全身的各系统功能正常发挥，容易导致中暑。

3. 冰镇食品通过胃肠的速度大大快于常温的食物，会越喝越渴，且让暑热更容易侵袭人体。

NO.161 您知道"瓜子病"吗?

1. 一次性嗑瓜子量太多,瓜子与舌尖的摩擦加剧,易引起舌尖部肿痛、红肿、血泡等。

2. 嗑瓜子太多,会消耗掉大量唾液和胃液,影响正常的食物消化。

3. 由于空气不断随着瓜子仁进入胃肠,易导致胃肠道内胀气而引起嗳气、腹胀、腹痛等腹部不适症状;而诱人的瓜子香味又不停地刺激胆囊收缩,也会引发各种腹痛。

NO.162 煲汤虽好,也要适当

猪骨、猪蹄、母鸡等高脂类的食材,在煲煮过程中会释放嘌呤。煮得越久,嘌呤溢出量越高。嘌呤积存在体内,可以转化为尿酸,诱发痛风。因此,痛风或高尿酸血症患者不适宜喝老火汤。

不少人爱煲猪骨汤,觉得喝了能补钙。实际上溶入汤里的钙很有限,煲久了以后,脂肪倒是熬出来了,溶于汤水中。从营养的角度来说,骨头汤不能补钙,只能补"膘"。

NO.163 挑对时间吃对水果

早上最宜:苹果、梨、葡萄。酸性不太强、涩味不太浓的水果非常适合。

餐前别吃:圣女果、橘子、山楂、香蕉、柿子。空腹食用这些水果易产生胃胀、呃酸。

饭后应选:菠萝、木瓜、猕猴桃、橘子、山楂。能帮助消化,还可健脾胃,解油腻。

二、饮食安全常识

夜宵安神：吃桂圆。如果睡眠不好，可以吃几颗桂圆，它有安神助眠的作用，有助于让您睡得更香。

NO.164　蔬果忌用白酒消毒

1. 医学上用于消毒的酒精度数为75度，而一般白酒的酒精含量在56度以下，所以，用白酒清洗蔬果，根本达不到消毒的目的。

2. 用白酒清洗蔬果，会引起蔬果色、香、味的改变。

3. 白酒中的酒精和蔬果中的酸共同作用，会降低蔬果的营养价值。

NO.165　四招清除蔬菜农药残留

1. 浸泡。主要用于叶类蔬菜，如生菜、小白菜、菠菜。

2. 加热法。常用于圆白菜、青椒、豆角。

3. 去皮法。常用于带皮的蔬菜，如黄瓜、胡萝卜、土豆、冬瓜、南瓜、茄子、西红柿等。

4. 储存法。常用于冬瓜、南瓜、土豆等不易变质腐烂的蔬菜。

NO.166　水果吃多了照样胖

水果中富含果糖，食用过多同样会让人体的血糖水平提高，同时促成脂肪的生成，所以，吃水果不会变胖的说法本身没有科学依据。

以100克为单位，米饭的热量是115卡，以下列举几种常见水果的热量。

品种	香蕉	菠萝	猕猴桃	苹果
热量	91卡	41卡	55卡	52卡

NO.167　一次吃太多荔枝谨防"荔枝病"

大量进食鲜荔枝后，会导致机体胰岛素分泌过多引起低血糖反应，轻者有头晕、出汗、面色苍白、乏力、心慌、口渴等症状，重者四肢厥冷、脉搏细数、血压下降，甚至发生抽搐和突然昏迷。轻者口服糖水即可恢复正常，重者应送医院抢救。

建议成年人每天吃荔枝最多不要超过300克，儿童一次则不要超过5颗。不要空腹吃荔枝，在饭后半小时再食用最佳。

NO.168　四类人要少吃或不吃桃子

1. 平时内热偏盛、易生疮疖的人。

2. 婴幼儿。桃子中含有大量的大分子物质，婴幼儿肠胃透析能力差，无法消化这些物质。

3. 多病体虚的病人以及胃肠功能太弱的病人。这类人吃桃子会增加肠胃负担。

4. 吃桃子会引发过敏的人，也要忍住鲜桃美味的诱惑。

NO.169　慎食"怪物草莓"

中间有空心、形状畸形不规则且过于硕大的草莓，除极少部分属于高产新品种外，一般都是使用过量激素所致。草莓用了催熟剂或其他激素类药物后生长周期变短，颜色也更鲜艳了，但却冲淡了草莓固有的香味。吃起来缺少鲜味，并且对健康有害无益。一些草莓园采摘的草莓，是清晨5~7点打上药，过2~4小时，小果就能长大。这些草莓对小孩子身体发育不利。

NO.170 为什么吃菠萝前要泡盐水？

有些人吃菠萝后会出现恶心、呕吐、腹痛腹泻、口唇发麻、皮肤发痒等过敏现象，这是因为菠萝中含有生物甙和菠萝蛋白酶，可使胃肠黏膜的通透性增加，胃肠内大分子异体蛋白质得以渗入血流，导致机体过敏。为预防过敏反应，菠萝切好后一定要放入淡盐水中浸泡十多分钟，破坏菠萝蛋白酶后再吃就安全了。

NO.171 酒糟味甘蔗可致人死亡

霉变甘蔗含有霉菌节菱孢菌，人食后短时间内（15分钟至8小时，最长48小时）可引起广泛性中枢神经系统损害，重者出现抽搐、昏迷、急性肺水肿和血尿等症状，甚至导致死亡。

霉变的甘蔗有如下几个特征：1. 外观失去光泽，尖端和断面有白色絮状或绒毛状霉菌，硬度较差；2. 切开后剖面呈灰黑色、棕黄色或浅黄色，纤维中可见粗细不一的红褐色条纹或青黑色斑点；3. 有酒糟味或酸馊霉坏味，有的还带微辣味。

NO.172 少吃不易见到的蔬菜和水果

1. 反季节蔬果多是大棚栽培的，会加入一些特殊的生长激素类物质和催化剂，并且大棚中的温度和湿度较高，不利于农药的降解，大部分农药残留在蔬果上。

2. 本地不易见到的蔬果食材，多是由外地运来，流通环节增多、储存时间变长，安全隐患也就相应增多。

NO.173 四种蔬果的皮不宜食用

红薯皮：红薯皮含碱量较多，食用过多会导致胃肠不适。

土豆皮：土豆皮内含不益于人体健康的配糖生物碱，进入人体后会形成积累性中毒。

荸荠皮：因荸荠生长于肥沃的水泽，皮上会聚集多种有害的、有毒的生物排泄物和化学物质。

柿子皮：柿子成熟后，可对肠胃造成伤害的鞣酸集中于柿子皮内。

NO.174 别信"看虫眼买菜"

很多人买菜时喜欢挑有虫眼的，认为有虫咬的青菜肯定是不用农药、没有污染的"绿色蔬菜"，其实带虫眼的蔬菜也不一定是没有喷过农药的"安全菜"，因为有的菜农发现青菜被虫咬了之后又喷洒了农药。

为了迎合消费者的这种心理，有些商贩甚至在卖菜时，捉几条菜虫放到蔬菜上，号称无农药污染的"绿色蔬菜"。

NO.175 绿叶蔬菜不宜长时间焖煮

绿叶蔬菜中含有不同量的硝酸盐，如果焖煮时间太长，硝酸盐会还原成亚硝酸盐，大量摄入体内进入血液，使血液中原来能供应多种组织氧气的低铁血盐氧化成高铁血红蛋白，丧失运送氧气的功能，造成机体组织缺氧，产生"窒息"，医学上称之为"肠源性青紫症"。

NO.176　吃姜的五大禁忌

1. 不要去皮。去皮不能发挥姜的整体功效，鲜姜洗干净后即可切丝分片。

2. 中医认为，阴虚火旺、目赤内热者不宜长期食姜。

3. 姜汤不能随便喝。姜汤只适用于风寒感冒，不能用于风热感冒。

4. 不要吃变质腐烂的姜。变质腐烂的生姜会产生一种毒性很强的物质。

5. 吃姜并非多多益善。在做菜或做汤的时候适量放几片姜即可，不宜贪多。

NO.177　香菇不宜洗得"太干净"

香菇中含有麦角甾醇，在阳光照射后会转变为维生素D，如果吃前过度清洗或用水浸泡，就会损失很多营养成分。正确的清洗方法是将根部除去，然后朝下放置于温水盆中浸泡，待香菇变软、伞褶张开后，在水中朝一个方向旋搅，这样泥沙会随之慢慢落入盆底。再轻轻捞出香菇，用清水冲洗，就能彻底洗净。

NO.178　红薯吃多了为什么"烧心"？

红薯含有一种氧化酶，容易在人的胃肠道里产生大量二氧化碳气体，如果红薯吃得过多，就会出现腹胀、打嗝、放屁的情况。红薯的含糖量较高，吃多了可刺激胃酸大量分泌，使人感到"烧心"。同时，空腹时人体胃酸过多，红薯中的含糖量又过高，此时吃太多红薯更容易出现"烧心"的症状。

建议吃红薯时最好搭配其他食物一起吃，比如米粥等谷类食物，能很好地缓解不适症状且营养均衡。

NO.179　不吃发芽的土豆

土豆如果发芽，芽孔周围会含有大量龙葵素，这是一种神经毒素，可抑制呼吸中枢。

一次吃进半两已变青、发芽的土豆，15分钟至3小时就可发病。症状是口腔及咽喉部瘙痒，上腹部疼痛，并有恶心、呕吐、腹泻等症状，症状较轻者1~2小时就会通过自身的解毒功能而自愈。症状严重者甚至可能因呼吸麻痹而死亡。

发芽的土豆即使切去发芽部分，吃了没有中毒状况发生，但口感差且营养已所剩无几，因此对于发芽的土豆应毫不犹豫地扔掉。

NO.180　新鲜黄花菜烹调不当易中毒

新鲜黄花菜中含有一种叫秋水仙碱的物质，秋水仙碱本身无毒，但进入人体后会被氧化成二秋水仙碱，具有强烈的毒性，主要是对胃肠道和呼吸系统会产生强烈刺激，引起嗓子发干、胃烧灼感、恶心呕吐、腹痛腹泻，严重的还会有血便、血尿及尿闭等症状。因此，新鲜黄花菜一般不宜食用。如果一定要食用，只宜少量食用，而且在食用前要先用热水充分漂洗后挤去水分，再用凉水浸泡两个小时以上。

NO.181 豆角不熟透不能吃

大多数豆角，如扁豆、菜豆、刀豆都不适合生吃，因为豆荚外皮含有皂素，这是一种毒蛋白，而且生豆子中含有红细胞凝集素，会对胃肠道产生强烈刺激，须加热熟透才能破坏其毒素。如果豆角没有熟透，人吃了就可能会中毒。

食用未熟豆角中毒潜伏期短，最快食后10分钟发病，主要症状为恶心、呕吐、腹泻、头痛、头晕，还有的出现胸闷、出冷汗、四肢麻木等。

NO.182 慎食野菜，谨防祸从口入

1. 野菜的来源很重要，长在沟道旁、马路边、垃圾堆、河道旁的野菜污染严重，反复清洗也不能清除有害物质。

2. 野菜性寒味苦，脾胃虚弱以及患有肠胃炎的人不适合食用，否则容易引起腹痛、腹泻。

3. 容易过敏的人也不适合吃野菜，以防引起皮肤过敏。

4. 有些野菜中硝酸盐、亚硝酸盐、草酸含量很高，不宜多吃。

5. 野菜不宜久放，最好现采现吃，食用前应当在清水中浸泡2小时或用开水烫一下，以清除潜在毒素。

NO.183 请注意有毒性的蜂蜜

出游时，许多农家摊档会售卖自养蜂蜜和野蜂蜜，须注意有些有毒植物的花酿成的蜂蜜是有毒性的。如钩吻、雷公藤、羊踯躅、昆明山海棠等。人食用后可能会引起中毒。喝了有毒的蜂蜜，轻者出现发热、头晕、恶心、呕吐、腹痛、心悸及呼

吸困难等症状；严重者会抽搐、昏迷、血压下降、呼吸衰竭甚至死亡。

NO.184　几种不宜放入微波炉的食品

1. 忌将肉类加热至半熟后再用微波炉加热。半熟的食品中细菌仍会生长，微波炉加热不能将细菌全部杀死。

2. 忌再冷冻经微波炉解冻过的肉类。外面加热后细菌开始繁殖，冷冻不能将活菌杀死。

3. 不宜用微波炉加热油炸和爆炒的食物。这类食物再用微波炉加热，已毫无营养可言。

4. 带壳的鸡蛋、带密封包装（尤其是瓶罐装）的食品忌用微波炉加热，以免发生爆炸。

NO.185　多吃果冻损健康

果冻不只是用水果汁加糖制成的，更多是用香糖、增稠剂、甜味剂、色素调制而成，这些物质对人体没有多少营养价值，多吃对健康无益。

果冻所含的黄原胶、明胶、卡拉胶等对成年人来说无害，但儿童的新陈代谢还不够成熟，摄入多了会导致缺锌，出现智力下降、食欲不振、生长发育缓慢等现象。

NO.186　阿胶真的补血吗？

阿胶由驴皮熬制，主要成分是胶原蛋白，和猪皮的成分并没有太大差别，含铁并不多，其实并没有多少补血的作用。贫血者平时应多吃含铁丰富的食物，如瘦肉、猪肝、海带、木耳、猪血、鸭血、蛋黄、豆类等。

阿胶的补血作用空穴来风，但是它的副作用是不易消化，绝大多数体质虚弱贫血的人脾胃虚弱，并不适宜食用。

NO.187　当心"人参滥用综合征"

人参被喻为"补中之王"，一到冬天很多人就用人参进补，平时为了"降火"常用西洋参片泡水喝。然而人参虽可强身和延缓衰老，但随意乱用则有害无益，可能产生中枢兴奋、失眠、皮肤瘙痒、眩晕、头痛等症状，严重者可能导致心脏功能紊乱。因此，使用人参必须在医师的指导下，从小剂量开始，不可随意大量食用。

NO.188　没事就喝板蓝根损伤脾胃

人在健康状态下服用板蓝根过多，会伤及脾胃，带来一系列胃肠道反应，会产生胃痛、胃寒、食欲不振等症状。尤其是小孩，脾胃功能尚未健全，多服板蓝根，更容易引起消化不良等症状。

并且板蓝根并不是万能灵药，对于预防甲型流感是否有效，目前并无定论。

NO.189　拒绝甲醛上餐桌

甲醛是国家明令禁止添加到食品中的非食品添加剂，但却常被不法商贩用于水发食品加工。选购水发食品时，应注意几下几点：

1. 眼看。甲醛水发食品外表过于"鲜亮""发泡""洁白",又肥又大。

2. 鼻嗅。含甲醛的水发食品具有辛辣刺鼻气味。

3. 手捏。用手捏一下,甲醛水发食品易破碎。

4. 烹调水发食品时,若发现体积迅速变小,说明该水发食品中含有甲醛,不宜食用。

NO.190　尽量不吃松花蛋

制作松花蛋的辅料含有氧化铅或盐铅,1个60克重的松花蛋,约含铅180毫克,即使是号称"无铅"的,其铅含量也比其他食物高许多。常吃松花蛋,可使铅在人体中蓄积,会对人体的造血、神经及消化系统造成明显的损害。尤其危害儿童,科学研究发现,儿童的血铅浓度每上升100微克/升,其智商就会下降5分左右。

NO.191　未腌透的酸菜不要吃

一般情况下,腌制品在第4~8天,亚硝酸盐含量最高,第9天以后开始下降。未腌透的酸菜含有大量的亚硝酸盐,进入人体血液循环中,会将正常的低铁血红蛋白氧化为高铁血红蛋白,使红细胞失去携氧功能,导致全身缺氧,出现胸闷、气促、乏力、精神不振等症状。此外,亚硝酸胺类化合物还是强致癌物,特别是有霉变的酸菜,其致癌作用更为明显。

食用自制腌菜的适宜时间是腌制0~6天和腌制20~30天以后。

NO.192　远离路边摊

1. 一些路边摊的食物可能不干净或是腐烂变质了，加入大量调味品，特别是在夏天很容易引起食物中毒。

2. 路边摊大多使用的是地沟油。

3. 路边摊大都设在马路边上，灰尘、汽车尾气等造成的危害要比在室内吃大得多。

4. 路边摊餐具不卫生，往往没有经过消毒处理，吃坏肚子或者感染病菌的可能性很高。

NO.193　"保质期""保存期"区别大

食品的保质期和保存期虽然只有一字之差，却有着根本的区别。

保质期是厂家向消费者保证，在标注时间内产品的质量是最佳的，超过保质期的食品，如果色、香、味没有改变，仍然可以食用。

保存期则是硬性规定，是指食品可食用的最终日期，超过了这个期限，食品质量会发生变化，已不再适合食用，更不能用以出售。

NO.194　别让食品干燥剂成"定时炸弹"

能够起到干燥防潮作用的食品干燥剂是市面上很多包装食品、保健品离不开的附属物品，甚至一袋饼干、一块独立包装的月饼中都会包含一小袋食品干燥剂。市面上常见的干燥剂有两种：白色块状或粉末状的牛石灰干燥剂和无色透明小球状的硅胶干燥剂。如误食，应立刻喝水或牛奶，然后再送去医院治疗。

NO.195　方便面不宜经常食用

方便面的主要成分是碳水化合物，还有少量味精、食盐和其他调味品，不完全具备人体需要的蛋白质、脂肪、碳水化合物、矿物质、维生素等营养成分，如果长期食用且不注意搭配蔬菜、蛋类、肉类等食物，会因营养素缺乏而患病。并且方便面中还含有食品色素、防腐剂等物质，所以方便面不宜经常吃。

NO.196　只要煮沸就可以消毒吗?

这种说法只对了一半。食物中毒可分为生物型和化学型两大类。细菌性中毒主要是指误食被细菌、病毒、微生物等污染的食物，用高温蒸煮进行消毒，即使留有少量毒素也不会造成严重危害。但化学性中毒不是高温所能处理的，有时煮沸反而会使毒素浓度增大。比如烂白菜叶产生有毒的亚硝酸盐，发芽或未成熟土豆中的龙葵碱，油料中的黄曲霉毒素等，均不能通过高温加热达到消毒的目的。

NO.197　小心"冰箱腹泻"

冰箱贮存食物的原理是放慢微生物生长繁殖的速度，并不能杀灭微生物。冰箱冷藏室温度一般在3~10℃。饭菜自冰箱中取出加热，需要一个逐渐升温的过程，而3~40℃恰好是细菌繁殖的适宜温度，人一旦吃了加热不彻底的剩饭菜，就可能会拉肚子。因此建议在冰箱中放置过的熟食，热透再食用。

NO.198　贪食"猎奇"安全隐患大

许多人绞尽脑汁去吃一些平时不经常吃的东西，以求换换口味，尤其以一些野味为多。换口味并不是不可以，但要以安全为前提，因为有的野味不是常见的肉类食物，其品质不在有关机构的检测范围之内，携带了哪些疾病、寄生虫都不得而知，安全隐患非常大。因此，不宜盲目猎奇贪食野味。

NO.199　吃火锅不当易得病

吃涮羊肉不宜讲究肉"嫩"。吃没熟的羊肉片容易感染上旋毛虫病。

吃炭火锅的时间不宜过长。吃火锅时往往是很多人一起，室内空气流通不畅，加上木炭燃烧不透产生大量一氧化碳，容易使人中毒。

不宜贪食火锅汤。火锅汤含有一种浓度极高的叫"卟啉"的物质，经肝脏代谢生成尿酸，过多的尿酸沉积在血液和组织中会引发痛风。

NO.200　多吃这十三种超级食物，让您健康长寿

豆类、蓝莓类、青花椰菜、燕麦、柳橙、南瓜、野生鲑鱼、菠菜、茶、西红柿、火鸡（鸡胸肉）、核桃、酸奶，它们被称为"超级食物"。科学家认为："超级食物含有丰富的营养和较低的热量，可预防甚至减轻心脏病、糖尿病、癌症和痴呆症，有助于阻止细胞损坏，令人感觉更舒适自然、更美丽、更活力充沛。"

十三种超级食物

食物种类	食物名称
豆类	蛋白质与维生素B群的丰富来源
蓝莓类	超级抗氧化剂
青花椰菜	强力抗癌武器、素食者的铁质主要来源
燕麦	降低胆固醇与血糖的功臣
柳橙	维生素丰富，吃比喝更有益
南瓜	富含类胡萝卜素（α+β）
野生鲑鱼	提供人体必需脂肪酸
菠菜	营养模范生
茶	富含儿茶素，降低罹患各种癌症的风险
西红柿	西红柿含有丰富的胡萝卜素、维生素C和B族维生素，还富含茄红素。它能促进消化，抑菌利尿；还具有抗氧化、美容功效。
火鸡 （鸡胸肉）	瘦肉蛋白质最丰富
核桃	富含不饱和脂肪酸，能降低胆固醇
酸奶	益菌强化免疫系统

三、居家安全常识

NO.201　地产商不会告诉您的三大售楼"骗局"

1. 明明看网上还有许多待售盘，但是去售房部问，总是被告知看上的房子快售完了，想买就必须赶紧交订金。

2. 开盘前交了诚意金，但是开盘后没有找到合适的房源，想要退回诚意金，结果被告知15天后才开始退款，但却始终不肯确定什么时间可以到账。

3. 买房时发现挂牌公示的价格与签订合同的价格严重不符。挂牌公示的价格是以建筑面积单价来计算的，而合同上的价格是以套内面积单价来签订的。

NO.202　定金、订金大不同

在购车或买房等预订过程中，支付的到底是"定金"还是"订金"，一定要区分清楚。法律上规定，合同履行后，给付定金的一方不履行约定合同的，无权要求返还定金。这也就是说：

1. 如果是订金，若自己反悔了，扣除违约金外，可以收回大部分或全部订金。

2. 如果是定金，若自己反悔了，就等于"打水漂"了。但如果是对方反悔了，您将得到双倍的赔偿。定金交付容易要回难，因此不要轻易向商家交付定金。

NO.203　买二手房谨防五个陷阱

1. 产权不明晰。有些房屋有好几个共有人，买受人应当和全部共有人签订房屋买卖合同。

2. 房源有问题。法律规定禁止出售；房子尚被抵押、查封；房子的产权不明；等等。

3. 一房多卖。如果遇到此类情况，追回房子或房款都面临巨大的时间和精力成本。

4. 受市政规划影响。买受人在购买时应全面了解房屋及周边的详细情况。

5. 欠物业款项过多。在签约环节，应该在合同中注明费用计算问题，并保留部分尾款保证物业交割顺利进行。

NO.204　新房收房五大注意事项

1. 实测住房面积。拿好笔、尺、便条贴测量房屋面积，如发现与合同不符，及时找开发商处理。

2. 检查墙面质量。携带安全锤等工具检验墙面是否空鼓或开裂，贴有瓷砖的厨房和卫生间也要仔细检查。

3. 防水验收。携带手电筒、水桶等工具做厨卫的防水验收。

4. 检查下水道是否通畅。检验房屋中所有下水道的下水情况。

5. 检查门窗质量。检查门窗是否倾斜、开关是否顺畅，检查进户门距离地面的高度（毛坯房进户门距离地面高度不得少于5厘米）。

NO.205　怎样预防电信诈骗？

1. 树立正确的价值观、金钱观。不要相信"天上会掉馅饼"。

2. 严防身份信息泄漏。做好个人和家人身份信息的保密工作，尤其是老年人。

3. 核对真实信息。接到了要求汇款的短信或电话，一定要先仔细核对真实的信息。

4. 积极收集证据。接到恐吓类信息或者电话时不要惊慌，要让对方向您多提供一些信息，以作为证据。

5. 平时多积累知识。与家人和朋友多分享各类诈骗信息，做到心中有数。

NO.206　花样翻新的电信诈骗（一）：
"您有一张传票"

骗子冒充公检法人员，告诉受害人有一张法院传票，以涉嫌犯罪为由要求受害人将资金转入所谓的"安全账户"。

不要轻易相信陌生人打来的电话，如果有人说您涉嫌犯罪，应当首先拨打"110"询问；或向身边的亲友询问一下，一般都能很快识破骗局。

NO.207　花样翻新的电信诈骗（二）："您的账户资金异常变动"

骗子自称银行客服，说受害人的银行账户资金大额变动，或信用卡在外地大额消费，提醒受害人升级银行卡密码保护或网银U盾升级，以此窃取受害人的网银登录账号和密码。

对于此类骗局，最简单有效的办法是立即直接拨打银行的官方客服电话进行核实，别相信任何主动呼入的、自称是银行客服的电话或短信。

NO.208　花样翻新的电信诈骗（三）："您乘坐的航班取消了"

骗子非法获得受害人的个人信息，自称航空公司客服，告知受害人其即将乘坐的航班因故取消，以改签退票等理由，将受害人引入汇款的陷阱。由于骗子能够准确说出受害人的姓名、航班信息，因此受害人很容易上当受骗。

机票改签、退票业务必须通过航空公司等正规渠道的网站、电话、服务厅办理，千万别相信任何其他的电话、短信。

NO.209　花样翻新的电信诈骗（四）："您中奖了"

骗子利用邮件、短信、电话网络散布等方式发送大量"中奖"信息，受害人一旦与骗子联系"兑奖"，对方即以先汇"个人所得税""公证费""转账手续费"等理由要求受害人汇款，以达到诈骗目的。

请时刻谨记：天上不会掉馅饼。

NO.210 花样翻新的电信诈骗（五）："猜猜我是谁"

骗子打来电话，装作与受害人很熟的口吻让受害人猜猜自己是谁，受害人一时疏忽被其牵着鼻子走，以为骗子是某位熟人或朋友，直至被骗子借钱，上当受骗。

如果陌生人自称是您的某个朋友，一定要刨根问底，哪怕真的错了再向对方解释、道歉，也不能轻易冒风险。

NO.211 花样翻新的电信诈骗（六）："向您推荐十大牛股"

骗子以学习股票知识、推荐股票为名，向用户收取押金或保证金，这招对那些急于求成的新股民尤为有效。

事实上，正规的证券公司是不会提供付费荐股服务的，更不会以此为名向用户收取押金或保证金。只要拨打证券公司的官方客服进行询问就会真相大白。

NO.212 花样翻新的电信诈骗（七）：电信积分兑换现金

诈骗分子通过"伪基站"伪装成10086、10001等号码群发诈骗短信，以"积分兑换现金"的方式诱骗受害人下载安装带有木马病毒的App，窃取账号、密码、验证码等信息，从而盗刷受害人手机里网银账户的资金。

收到此类信息，只要拨打10086、10001等客服电话咨询就知真假。

NO.213 花样翻新的电信诈骗（八）：冒充亲友

骗子通过非法渠道获得受害人亲朋好友的手机号码、社交账号，编造对方发生意外急需用钱、需要资金周转、代缴话费等理由，诱使受害人上当并转账。

凡是涉及借款、汇款等问题，一定要拨打对方常用号码或者视频聊天，核实对方身份。

NO.214 花样翻新的电信诈骗（九）：考试诈骗

骗子通过非法手段获得考生信息，有针对性地发送短信或邮件，声称能"提供考题""改分""办假证"等引诱考生汇款。

漏题、改分、改档案、伪造资格证等行为都是非法的，请坚持用自己的实力说话。

NO.215 花样翻新的电信诈骗（十）：无抵押贷款

以"免抵押、低利息"为诱饵诱导受害人贷款，要求缴纳贷款手续费、管理费、保证金等费用。

申请借款或分期购物时，要衡量自己是否具备还款能力。对于关乎自身信息、财产安全的事要多方求证，不要轻易相信他人的一面之词，不要轻易透露个人信息。一旦发现危险，及时报警。

NO.216 上门推销花样多，辨别真伪要"四查"

1. 查商品。仔细检查商品的质量，查看有无厂名、厂址、生产日期及合格证等。

2. 查销售主体。查验是否是经工商部门注册的合法经营主体。

3. 查商品及服务凭证。对于无法提供有效信息的，一定要谨慎对待。

4. 查身份。对于自称公共服务企业员工的人员上门服务，可通过拨打各相关公司的公共服务电话来核实人员身份。

NO.217 网上购物防骗窍门

1. 查公司经营资质。一个正规经营的公司，在网上应该能搜索出很多相关信息。

2. 查是否有不良记录。仔细查看已经成交的顾客的评价。

3. 查是否是价格陷阱。个别低价不足为怪，如果全部都是低价，则基本可断定是陷阱。

4. 查最近的成交发货记录。只要正常运营，一定有快递或者邮政发货单号。

5. 查是否能提供货到付款。如果这一点都办不到，最好就不要冒险了。

NO.218 网络购物"三大警惕"

1. 警惕超低价。如果选购商品比市场价格低，而且低得离谱，那一定要注意了，有些不诚信的卖家就是靠低价的劣质产品蒙骗消费者的。

2. 警惕新注册会员在短时间内获得非常多好评。不要盲目相信星级，应自己查看具体评价。

3. 谨慎选择安全支付服务。如支付宝，类似国际贸易中的"信用证"，可在买家确认收到货前替买卖双方暂时保管货款。

NO.219 网络借贷注意事项

1. 注意不需要缴纳押金。正规的贷款机构在放贷前不收取任何费用，而是在进入贷款周期后按期还款。

2. 选择正规的贷款机构。小额贷款也是贷款，声称不需要任何条件就放贷的肯定是骗子。

3. 合理选择贷款金额和期限。要考虑清楚自己的经济偿还能力，避免每期还款金额过高、压力过大。

4. 务必按时还款。好的信用记录会让人受益终身。

NO.220 谨防网络贷款骗局

1. 打着专业公司的旗号。仔细观察，就会发现他们一般不留座机电话号码和地址，只有手机或者QQ，即使留有地址也经不起细查。

2. 号称"无抵押、无担保、当天放贷"。实际上要求先缴纳手续费、担保金等，甚至要求事先缴纳一定期限的利息。

3. 假扮正规机构。高度仿照知名贷款机构网站，具有极大的欺骗性。

4. 网络转账骗局。声称款项需要中间账户中转，以骗取借贷者的账号、密码，盗取账户内的资金。

NO.221　网络贷款"后遗症"多

1. 催还款电话狂轰滥炸，短信骚扰不断，甚至还有一上来就骂人的，让借贷者苦不堪言。

2. 即使贷款还清了，随之而来的也是铺天盖地的各种广告，因为网贷登记时个人信息已全部泄漏了。

3. 贷款稍有逾期，便会遭遇暴力催款，手段层出不穷。网贷平台曝光借款人的信息；逾期费用高于人民银行的规定；到借款人家中或者工作单位催收，使借款人名誉受到影响；利用微信、短信，恐吓借款人及其亲友；冒充国家执法机关催收；诱导借款人再去其他平台借款；等等。

NO.222　ATM取款安全防范措施

1. 排队时熟悉周围环境。如果银行网点在营业，看清警卫或大堂经理在哪里。

2. 插卡前当心"指纹膜"。按键前一定要仔细查看键盘上是否有不明物质覆盖。

3. 取款数钱要对着摄像头。如果对取出来的纸币不放心，可以把有编码的那面朝摄像头照一照留下证据。

4. 存款前先对着摄像头点钞。在摄像头可以照到的范围下把钱再点一遍，万一存款失败也能保证留下证据。

NO.223　陌生人敲门，未成年人怎么应付

1. 千万不要随便给陌生人开门，同时要装作爸爸妈妈在家，喊爸爸妈妈说有不认识的人敲门，这样可以把坏人吓跑。

2. 即使陌生人自称是爸爸妈妈的熟人也不能把门打开，

可以隔着门与他对话。

3. 即使陌生人自称煤气、水、电等修理工，或是来收各种费用的，也不要给他开门，同时不要告诉对方家中只有自己一个人。

4. 晚上开灯后必须拉上窗帘，千万不要让人从窗外看到只有未成年人一个人在家。

NO.224　绑架，未成年人如何预防

1. 不讲排场，不比阔气，不追求高消费，不在外谈论家庭情况。炫耀容易引来不法分子的关注，一定要吸取惨痛的教训。

2. 不穿奇装异服，不佩戴贵重饰品。以免被不法分子盯上，给自己的生命安全带来危害。

3. 拒绝与陌生人同行，牢记家、学校、亲友的地址和电话，遇到紧急情况及时打电话求助。

4. 父母在国家执法机关工作的孩子应该特别注意"守口如瓶"，以免遭犯罪分子侧面报复。

NO.225　朋友圈里晒生活，安全吗?

1. 慎晒火车票。晒火车票时，别忘了给姓名、身份证号码和二维码打上马赛克。

2. 晒娃有风险。如果一定要晒娃，最好不要用孩子的正面照。

3. 不要晒位置。发布带有位置信息的图片，很可能会被不法分子利用。

4. 不要晒长辈的照片。别给不法分子一丝机会去对长辈行骗。

5. 不要晒护照、家门钥匙、车牌等照片。

NO.226　网上支付安全指南

1. 尽量用自家电脑操作，不用办公室和公共场所的电脑，同时应在常用的知名网站上进行；电脑一定要有安全防范措施。

2. 使用第三方支付平台，如支付宝。这样买卖双方都可以放心交易。

3. 支付密码最好是"数字+字母+符号"组合，尽量避免选择用生日、身份证号码、手机号码等容易被破解的数字。

4. 收到任何与银行卡支付有关的短信后，应先确认短信发送者的身份及短信内容的真伪，慎防"网络钓鱼"。

NO.227　微信安全使用小窍门

1. 关掉"附近的人"。"附近的人"功能可以通过定位功能了解您的位置信息。

2. 关掉"常去地点"。"常去地点"功能会让不法分子掌握您的行踪。

3. 关掉"允许查看"。如果不关，陌生人就可以随意查看到您的个人照片。

4. 旧手机别乱扔。手机里的个人隐私信息太多了，更换新手机后，一定要格式化内存多遍，让原有数据难以恢复。

NO.228　家庭防盗常识

1. 注意对家庭财产保密。不能轻易"露底"，包括对某些亲友、邻居也应保密。

2. 将贵重物品尽量分散存放于外人难以找到的地方。

3. 可能被犯罪分子侵入的门、窗要安装铁门、窗栏、防盗锁等。

4. 书包、衣服等不要放在邻街或公共过道附近，以防被窃贼用竹竿"钓鱼"。

5. 不将家中钥匙随便交给他人使用；如钥匙丢失要马上换新锁。

6. 不与萍水相逢、不明底细的人交往，更不能带到家中来做客，谨防引狼入室。

7. 离家去串门、买东西，即使只是一小会儿工夫，也一定要将门锁好。

NO.229　家庭安全用电常识

1. 了解什么东西导电。人体、金属、湿抹布或湿木棒等都可导电，不能用它们直接去碰带电的物体。

2. 了解什么是安全电压。中国规定的安全电压为36伏，特别潮湿的地方为12伏；而目前一般照明用电为220伏，远远超过了安全电压，触电可致人死亡。

3. 用电设备安装要合格。不能为了省钱而使用老化破损的旧电线，不能把电话线、电视天线与电线安装在一起。

4. 用电设备要及时检修。用电设备使用时间长了，绝缘部件就会出现老化损坏，若不及时修理或更换，就会有漏电的危险。

NO.230　超期使用的家电存在安全隐患

家电过了使用年限元件老化，是居民家庭发生电火的主要原因之一。电视机、空调、电冰箱、家用电脑的使用年限分别为8~10年、10年、13~15年、6年。超期的家电除及时更换外，还应送到专门或专业回收单位。如果随意丢弃被人非法拿去进行违反规定的翻新，如所谓"显像管再生"，就极易造成安全隐患。

NO.231　电动车充电安全小提示

1. 电动车充完电应及时拔掉插头，不要整夜充电。

2. 不要在建筑物首层门厅、走道及楼梯间内停放电动车充电。

3. 电动车长期行驶后，要等电瓶冷却后再充电。

4. 应在室外充电，或将电瓶拆下单独充电。

5. 不要将电动车的充电接头及插座悬在空中任凭雨淋；且电动车应避免在雨天和积水路段行驶，以防电机进水。

NO.232　电器"童锁"知多少

目前市面上在售的洗衣机，九成以上都带有"童锁"功能。使用洗衣机时，只需要长按"童锁"就可以给洗衣机"上锁"，洗衣机运转时儿童将无法打开盖板，从而起到有效保护儿童的作用。

除洗衣机外，冰箱、微波炉、消毒柜等家电也大多带有"童锁"功能，只要按下"童锁"键，家电就会自动停止运转，以防儿童靠近时发生意外。

NO.233　正确使用微波炉

1. 忌使用封闭容器。

2. 加热液体时使用阔口容器，烹调块状食物体积要小。

3. 忌使保鲜膜接触食物，也不可将食物盛在金属器具中放入微波炉加热。

4. 忌将微波炉置于卧室中。

5. 注意微波炉上的散热窗栅不要被物品覆盖。

6. 不慎炉内起火时，切忌开门，而应先关闭电源，待火熄后再开炉门降温。

7. 注意清洁卫生，每次使用后都应及时将微波炉内外清洁干净。

NO.234　使用电热毯时勿折叠

电热毯里面的电热丝是按照蛇形盘绕在毯子里面的，一般的电热丝相对较硬，不是柔性的，如果折叠过狠的话，会折断里面的电阻丝，轻则损坏电热毯，重则容易引发起火燃烧，因此，即使在保管电热毯的过程中也要注意折缝的位置不能重压。

NO.235　预防可怕的"手机爆炸"

手机爆炸，事实上，手机爆炸的真正根源是电池爆炸。专业人士认为，电池爆炸发生的重大原因是使用了伪劣产品。

在硬件设备上，一定要用原厂电池、尽可能使用原装充电器、不要随意改装手机、不要将电池放在高温环境下、不要使用破损的电池。

在日常使用上，不要长时间用手机通话，在充电时尽量不要打电话，不要将手机挂在胸前，也不要长时间贴身携带，应尽量将手机放在包里。

NO.236　电热水壶使用注意事项

1. 先装水再接通电源，否则发热器过热会烧坏。

2. 装水不能超过最高水位线，以免沸腾时溢出；同时禁止干烧。

3. 金属材料的电水壶不宜用来煮酸性或碱性食物。

4. 加热牛奶或其他稀薄饮料后，应立即洗净擦干。

5. 壶内壁、发热器表面若附有水垢或污物，应及时清洗。清洗时不能浸入水中，以免电器部位受潮而发生短路现象。

NO.237　电磁炉辐射有害吗？

电磁炉、微波炉存在辐射，但它的辐射对人体没什么伤害，不像许多文章写的那么骇人听闻。电磁炉的辐射量是手机的1/60，和40瓦的日光灯差不多；微波炉辐射也不会对人体有什么伤害，引发什么疾病。但需注意的是电磁波的泄露，如果电磁炉有较大的电磁波泄露，长期使用就会对人体有较大负面影响。

NO.238　节能灯含汞别恐慌

节能灯产品含汞，这已经不是秘密。根据日前照明产品生产工艺，所有节能灯都必须用到有毒金属汞。然而居家并不会因为使用节能灯而受到汞污染，这是因为节能灯中含汞量很少，在正常使用中不会泄漏，即使偶尔打碎了，其含量也不会导致人汞中毒。同时人体对汞具有一定的排泄能力。对照明电器来说，安全使用要远比担心汞泄漏更重要。

NO.239 电视机也要防"中暑"

高温潮湿天气对电视机的危害相当严重，最常见的故障就是开机后很长时间才有图像，或者是有声音没有图像，一旦受潮，还可能发生短路，甚至烧毁零件。遇到此类故障，应及时报修。电视机防潮的一个最简单的办法就是每天开机三四个小时，电视机产生的热量能使潮气散去。另外，电视机每使用四小时以上应关机降温半小时左右。

NO.240 空调省电小妙招

1. 选用新型节能式变频空调，一般比非变频空调节能20%~30%。

2. 盛夏把空调调到26摄氏度，即省电又舒服。空调每调高1摄氏度，用电可节省0.8%。

3. 睡眠时将空调设置在睡眠状态，可节能20%以上。

4. 夏季空调配合电风扇低速运转，可适当提高空调温度，让人既有舒适感，又能节能。

NO.241 定期清洗消毒空调，拒绝"空调肺"

炎炎夏日吹空调是一件美事，但是，如果空调常年不洗，内部积攒的大量细菌随着冷风吹出，会导致人发生"空调肺"——过敏性肺炎的一种。建议空调使用1~2个月即清洗一次。平常使用时要保持空气流通，尽量在开空调前打开门窗，保证室内有一定的新鲜空气。另外，在空调环境停留1~3个小时后要到非空调区域，保证呼吸到足够的新鲜空气。

NO.242　冰箱储物越少越省电吗?

有人觉得冰箱内放的东西越少越省电，其实不然，冰箱内东西过多或过少都会费电。冰箱内放的东西过少，热容量就会变小，压缩机开停时间也随着缩短，累计耗电量反而会增加。食品之间应该留有10毫米以上的空隙，这样有利于冷空气对流，使冰箱内温度均匀稳定，减少耗电。

NO.243　冰箱冷冻能力并非越大越好

选购冰箱时，我们经常面临一些参数上的对比，比如容量、耗电量、冷冻能力。冷冻能力是冰箱的一个设计参数，冰箱产品质量和冷冻能力是没有关系的。冷冻能力又称制冷能力，表示冷冻机所能产生的冷效应。家用电冰箱最主要的技术性能不是制冷而是保鲜。过大的冷冻力不仅增加开支、增加冰箱的耗电量，还可能破坏食品的内部组织，影响营养。因此，在挑选家用冰箱时，追求过高的冷冻能力并没有意义。

NO.244　使用加湿器不当反致肺炎

秋季气候干燥，越来越多的人选择使用加湿器。如果加湿器使用不当，反而会导致或加重一系列呼吸道系统疾病，包括上呼吸道感染、支气管炎、哮喘等。秋冬季节人体上呼吸道菌群本来就比夏天多，这些正常菌群进入肺部易造成肺炎。使用加湿器不当，空气中湿度过大，呼吸道抵抗力会下降，更易滋生细菌引发感染。

NO.245　洗衣机不用时要断水断电

使用全自动洗衣机时，必须打开水龙头使洗衣机自动加补进水。使用完后必须断水断电，否则会产生许多危害。

不断水的危害：现代大多采用高压给水设备，家庭的自来水管路、水龙头在多年的使用中逐渐老化，很有可能产生泄露，造成漏水事故。

不断电的危害：全自动洗衣机开关按钮只能控制电路，不能完全达到断电，使用后不断电既有安全隐患，又浪费资源。

NO.246　冰箱、电视别用同一插座

冰箱和电视的启动电流都很大，冰箱启动电流为额定电流的5倍，彩电的启动电流为额定电流的7~10倍。如果冰箱、电视同时启动，插座接点、引线均难以承受，就会互相影响，可能产生意想不到的危害。同时，冰箱启动和运转时会产生电磁波，电视相距较近会受到干扰，出现图像不稳、噪声等状况。

NO.247　怎样挑选电源插座

1. 看品牌。大品牌对产品质量的要求较高，售后服务相对也有保障。

2. 查外观。质量好的插座面板应该颜色均匀，平整光洁，无缺陷；金属件无不良情形。

3. 掂重量。好的插座选用的铜片及接线端子通常会比较厚实。

4. 看结构，查证书。好的电源插座一般会有防触电保护或安全保护门，并且像"CCFE""CCC"之类的安全认证标志和厂商电话、地址等都很齐全。

5. 试插座。质量好的插座，插拔手感有弹性，且弹性一致，松紧度适宜。

NO.248　煤气泄漏时切记不可开关电灯

当闻到煤气泄漏的臭味时，千万记住不要开关电灯及其他电器。煤气、天然气和液化石油气的燃爆浓度的下限值只有5%左右，最小引爆电流小于70毫安。这就是说，只要空气中有4%～5%的可燃气体遇到小于70毫安的电流，就可以引发燃烧。而一般40瓦电灯开关触点的电火花能量就能达到182毫安。因此，与空气混合达到一定浓度的煤气，极易被电灯开关的触电火花引爆。

NO.249　手机电池使用注意事项

1. 远离高温环境。不在高温下使用手机；另外，将手机放在高温或易燃物品旁，也有可能引起爆炸。

2. 电池损坏不再继续用。已经过了使用寿命的锂离子电池，保护电路已经老化，应立刻停止使用，进行更换。

3. 新购买手机充电不需要充足12个小时。目前手机标配的锂离子电池不需要长时间充电激活，只要按正常方法使用即可。

NO.250　秋冬季节几招防静电

干燥的秋冬季节，人们常有被莫明其妙"电"一下的感觉，这都是静电在作怪。日常生活中，可以用一些简易措施来消除或防止静电。

1. 用小金属器件、湿抹布等先碰触水龙头、门把手或金属外壳的家电，以避免静电电击。

2. 贴身衣物使用全棉制品为好，尽量不用化纤制品。

3. 看完电视后马上洗手、洗脸，以去除静电和浮尘。

4. 勤洗澡、勤换衣服，能有效消除体表积聚的静电。另外，多吃蔬果，多饮水，吃一些酸奶，注意补充钙和维生素C，可有效减轻静电影响。

NO.251　居民生活用气常自查

自查天然气是否泄露的常用方法：

1. 将燃具（灶、热水器等）全部关闭，观察计量气表最后一位数字，长时间仔细观察看是否有走动现象。

2. 用肥皂水或高泡洗衣粉水刷在阀门、管道、接头等处，如有鼓泡现象，则说明有漏气点。如发现有漏气情况，关闭计量气表前面进气阀门，请天然气公司维修人员进行修理，避免造成事故。一旦发现漏气切勿开关任何电器；切勿在室内使用电话、手机等通信工具；切勿使用火柴或打火机来测试漏气来源。

NO.252　用完气即关阀门是好习惯吗？

许多人在每次使用完天然气后都习惯将自闭阀手动关闭，

其实这是不正确的，经常启闭容易使自闭阀失灵引起漏气。

为了保证自闭阀在停气或者压力过大时能够自动关闭，每隔一段时间，我们可对自闭阀工作状态进行自检。检查方法为：在正常用气状态下关闭表前阀，此时自闭阀自动关闭，火焰熄火；再打开表前阀，点燃灶具，如果灶具不能点燃，表明自闭阀关闭良好，如果灶具还能点燃则说明自闭阀可能存在问题。当自闭阀自检正常后，依次打开表前阀、自闭阀，即可正常使用天然气。

NO.253 节省燃气小窍门

1. 随时调整风量，使灶具火焰保持蓝色状态。

2. 调整好炉具燃烧器火苗的高度。根据不同的使用目的采用不同高度的火苗。

3. 保养灶具。及时清除油污积炭，使火苗保持正常燃烧状态。

4. 使用节能炊具，改进烹调方法。

5. 经常检查灶具及与之相连的胶管，避免漏气。

6. 使用液化气要注意液化气钢瓶放置处的环境温度。10~20℃为最理想，冬天不能把钢瓶放在厨房外。

NO.254 家庭燃气泄漏常见原因

1. 点火不成功，天然气出来但未燃烧。

2. 使用时发生沸汤、沸水浇灭灶火或被风吹灭灶火。

3. 关火后，阀门未关严。

4. 燃气器具损坏。

5. 管道腐蚀，或阀门、接口损坏。连接灶具的胶管老化龟裂或两端松动。

6. 搬迁、装修等外力破坏造成的接口漏气。

NO.255 燃气热水器安全使用守则

1. 选择平衡式或强排式热水器，切不可购买已被淘汰的直排式和烟道式热水器。

2. 用户安装燃气热水器必须到天然气公司办理相关手续，由专业人员实施安装，不得自行安装。

3. 燃气热水器必须安装在通风良好的单间或过道里，严禁安装在卧室、浴室里。

4. 应安装于耐火的墙壁上，如果不得已安装在非耐火的墙壁上时应垫以隔热板。

5. 使用热水器时，应保持室内良好的通风换气，即便是冬天也不能门窗紧闭。

6. 燃气热水器使用寿命一般为6年，超期时应及时更换，否则存在巨大的安全隐患。

NO.256 如何保养煤气灶

1. 经常清洗铲除煤气灶面上的污迹，防止锈烂。

2. 燃烧器火眼易被饭汁灰尘塞住，可经常用铁丝或旧牙刷疏通。

3. 燃烧器的进气口有时可能被各种杂物塞住，可取下来用粗铁丝捅捅倒清。

NO.257　燃气灶的火别开得太小

1. 随时留心炉火的颜色。橘黄色火苗说明燃气燃烧不全，这种情况下会释放出较多一氧化碳；调整火焰时，以蓝色火苗为准。

2. 煮汤或烧水时，不要装得太满，也不能无人守候，以免火被溢出的汤、水浇灭而产生漏气。

3. 在炖菜或煲汤时，有些人喜欢把火苗开得很小，这样也容易引发漏气或者不完全燃烧。

4. 低温环境下，有些燃气灶会出现燃烧效率不佳或不能使用的问题，这时，千万不要用蜡烛、打火机等热源直接对燃气罐或出火口加热。

NO.258　天然气是臭的吗？

天然气是多种气体的混合物，主要成分是甲烷，本身是无色无味的，因此泄漏时很难被察觉，易酿成大祸。

低级的硫醇有强烈且令人厌恶的气味，乙硫醇的臭味尤其明显，所以常用乙硫醇作为天然气中的警觉剂，当天然气泄漏时人们就能闻到刺鼻的味道，用以警示，及时采取应对措施。

NO.259　家庭防火小妙招

1. 不要卧床吸烟、不要乱扔烟头；教育孩子不要玩火。

2. 白酒、纸张、书刊、窗帘等易燃可燃物应与火源保持足够的安全距离。

3. 正确使用各种家用电器，选择安全可靠的电源开关，出门前注意关闭电源。

4. 不要在熨烫衣物时接电话及做其他家务。

5. 使用燃气时不要离开，用完后关好开关。

6. 配备家用小型灭火器，并掌握使用方法。

7. 房屋门窗装有防盗网等设施的，应预留逃生出口。

NO.260 食盐——灭火应急小帮手

家庭厨房内发生初起小火，用很多方法可以将其扑灭。如果没有灭火器材，就要利用厨房内的现有物品灭火，食盐就是紧急情况下可选择的一种家用"灭火剂"。

这是因为食盐颗粒大、含水量较多，在高温下吸热膨胀快，破坏了火苗的形态，同时发生吸热反应，稀释燃烧区的氧气浓度，所以能使火很快熄灭。

NO.261 莫让一次性打火机成"炸弹"

为什么一次性打火机会发生爆炸呢？这是由于其内充装的是液态异丁烷，随着环境的变化，如阳光直射、碰撞，内部压力不断加大，极端情况下就会发生爆炸。因此，居家使用一次性打火机要注意防火问题。不要把一次性打火机放在玻璃柜里，以免太阳直射使环境温度升高；也不要把一次性打火机放在靠近火源、热源的地方，以免一次性打火机受热爆炸；一次性打火机使用后，要放置在小孩拿不到的地方。

NO.262 家庭厨房火灾预防守则

1. 经常清洁厨房设备，使之没有油垢。经常检查抽油烟机叶轮旋转后的排污效果，定期清洗油烟和灰尘。

2. 不要把太多电器设备电源插到一个电源插座上。尤其是发热设备，并要保持发热设备远离墙壁和窗帘。

3. 厨房内除可配备常用的灭火器外，还应配备石棉毯，以便扑灭油锅起火引起的火灾。

NO.263　别把"火患"买回家

1. 旧空调。是旧家电中危险最大的，事故隐蔽性高，往往发现时为时已晚。

2. 旧电视机。不对型号的替代配件容易造成电阻过大而发热，长期使用很可能发生爆炸或火灾。

3. 旧煤气瓶。大都是超过了使用期限的，安全性能无法保证。

4. 旧直排式热水器。可能会使用户造成煤气中毒，也有发生爆炸的潜在危险。

NO.264　发胶用时须小心

发胶遇火星、高温有燃烧爆炸的危险，日常使用过程中应注意以下几点：

1. 避免摔砸，避免与硬物碰撞挤压，以防止出现泄露。

2. 放在阴凉处保存。

3. 不要放在小孩容易拿到的地方。

4. 远离火源热源，更不能加热或放在日光下曝晒。

5. 使用发胶时要远离火源，使用后间隔几分钟待气体挥发再使用电吹风机。

—— NO.265　手持氢气球是"定时炸弹" ——

一般能使气球升空的气体有两种：氢气和氦气。我国已明令禁止使用氢气灌装手持气球。因为用氦气填充气球的成本过高，所以有些不法商贩仍以氢气作为填充气体。

氢气是一种危险的气体，氢气球遇火会爆炸，并且衣服摩擦产生的静电，路边烤地瓜、烤羊肉串溅出的火星，随手丢弃的烟头，乃至阳光长时间的曝晒，都可能成为引爆氢气球的诱因。因此，家长在给孩子购买气球时一定要擦亮眼睛。

—— NO.266　冬季取暖防"低温烫伤" ——

低温烫伤，是指长时间接触高于45℃的低热物体所引起的烫伤。皮肤接触60℃的温度持续5分钟，即可造成烫伤。导致烫伤的因素有两个：一个是热力，而另一个则是作用时间。由于冬季人体神经反应比较迟钝，皮肤的感觉也弱了很多，长时间接触取暖物品，皮肤可能并没有感觉烫，但热力已经渗透到软组织而形成烫伤。尤其是老年人，对热和痛的感觉迟钝；其次是婴幼儿，由于家长疏忽而被低温烫伤的也时有发生。

—— NO.267　居家怎样预防宝宝烫伤 ——

1. 烧水壶、热水杯、汤锅、粥锅、火锅等都是危险的热源，都应当放到宝宝够不到的地方。另外，尽量不要让宝宝进入厨房。

2. 给宝宝洗澡时，一定要先试水温，以免水温太热烫伤宝宝；用澡盆洗澡，一定要先倒凉水，再倒热水，以免宝宝误入热水中。

3. 家里炒菜做饭时，千万别让宝宝进入厨房，以防宝宝被热汤、热油烫伤。由于油的沸点高，不易祛除，所以热油烫伤更严重。

NO.268　警惕油烟综合征

中国的美食享誉世界，而各种美食都少不了十八般烹制，如煎、炒、烹、蒸。这些烹调方式可产生大量油烟，并散布在厨房这个小空间中，随空气侵入人体的呼吸道，进而引起疾病，在医学上称为"油烟综合征"。

得了油烟综合征的人常出现食欲减退、心烦、精神不振、嗜睡、疲乏无力等症状。虽然食量减少，体重却在不知不觉地增长，这也是为什么不少厨师体胖腰粗的奥秘之一。

油烟还会对人的感觉器官构成威胁。如眼睛遭受油烟刺激后会干涩发痒、视力模糊、结膜充血，易患慢性结膜炎；鼻子受到刺激后黏膜充血水肿，嗅觉减退，可引起慢性鼻炎；咽喉受刺激后会出现咽干、喉痒，易形成慢性咽喉炎等。

此外，油烟中含有一种称为苯并芘的致癌物，长期吸入这种有害物质可诱发肺脏组织癌变。据癌症专家观察，女性罹患肺癌的概率一直走高，甚至超过男性，厨房油烟难辞其咎。

NO.269　三招告别厨房油烟危害

1. 改变"急火炒菜"的烹饪习惯。既可减少食用油的用量，还可减少对食物营养成分的破坏。

2. 使用新鲜油品。一般透明度越高、闻起来没有异味的油，其精炼程度越高，质量越好。另外，煎炸过食物的油也不宜再二次使用。

3. 做好厨房通风换气。厨房要经常保持自然通风,炒菜前就要先将油烟机打开,烹饪后10分钟内保持油烟机的运作状态,将空气中残留的油烟吸附掉。

NO.270　六步去除厨房重油渍

1. 一盆温水加一把超浓缩去油剂、一把普通洗衣粉。

2. 用百洁布将清洁溶液涂于物体表面,先清洁厨房内油污较少的器物、柜、墙瓷砖等表面,再清洁灶台附近和油烟机。

3. 待油化后用竹片刮掉厚油污;玻璃、瓷砖等耐划伤的地方可以用钢丝球,清洗会更快些。

4. 余下的用蘸满清洁溶液的百洁布擦掉。

5. 灶台打火开关下面及油烟机开关键之间缝隙较小,手指伸不进去的地方,可以用竹片垫上百洁布擦拭。

6. 用清水抹布擦净即可。

NO.271　酒能消毒碗筷吗?

一些人常用白酒来擦拭碗筷,认为这样可以达到消毒的目的。殊不知,医学上用于消毒的酒精度数为75度,而一般白酒的酒精含量多在56度以下,并且白酒毕竟不同于医用酒精。所以,用白酒擦拭碗筷,无法达到消毒的目的。

NO.272　您家的餐具安全吗?

1. 塑料餐具最怕高温。通常塑料制品的耐温范围在110℃左右。

2. 陶瓷餐具煮沸"排毒"。新买的陶瓷餐具应用沸水煮5分钟，或者用食醋浸泡2~3分钟。

3. 不锈钢器皿防酸碱腐蚀。切忌用不锈钢器皿煎中药，发现变形或者表层破损应及时更换。

4. 不使用铝制餐具。长期用铝制餐具，可使铝在人体内积累过多，引起智力下降。

5. 筷子就怕涂油漆。有的不法商家选用不合格的木材制作筷子，然后用油漆来掩盖材质的缺陷，这会对人体健康带来更多危害。

NO.273　您家的筷子干净吗?

1. 多冲洗并定期消毒，清洗以后要及时风干，以免筷子滋生细菌和微生物。

2. 筷子使用时间长了，表面会变得不光滑，容易留住杂质，为细菌的滋生提供温床。此时应注意消毒或更换新筷子。

3. 家庭中每个成员最好使用固定的筷子，每个人的筷子应分开清洗。

4. 至少每年更换一次筷子。

NO.274　高温油炸别用不粘锅

不粘锅涂层的主要成分为聚四氟乙烯，如果加热到200℃左右，就会释放出氟化氢这种有毒物质，所以千万别用不粘锅来油炸食物。

日常烹饪的加热温度一般不会超过180℃，所以日常使用不粘锅是没有危害的。

NO.275　千万别用生锈铜锅

1. 远离铜锈。铜生锈之后生成的"铜绿"及"蓝矾"是两种有毒物质，所以千万不能使用有铜锈的铜餐具。

2. 警惕破损。千万不要用没有内层，或者内层已有损坏的铜锅来烹调或盛装食物。

3. 慎用来自旅游地的铜器，那可能只是装饰品，并不宜作为烹调容器。

4. 不能用铜锅熬药。

NO.276　慎用不锈钢餐具

1. 不可长时间用不锈钢餐具盛放盐、酱油、菜汤等，否则会使有毒金属元素被溶解出来。

2. 不能用不锈钢餐具来煎熬中药，否则会使药物失效，甚至生成某些毒性更大的化合物。

3. 切勿用强碱性或强氧化性的化学药剂如苏打、漂白粉、次氯酸钠等进行清洗。

NO.277　室内放对花草，让人神清气爽

室内养花养草能给人们带来美好心情，花草还能在室内营造良好的小气候。

许多适于室内养植的花草具有杀菌功能，如盆栽柑桔、迷迭香、香桃木、吊兰等。天门冬还能有助于消除室内常有的重金属微粒。

柏木、侧柏和柳杉能产生负氧离子，使室内空气清新，使人呼吸轻松。如果室内面积太小，不宜于栽植这些大型植物，

不妨养植那些形小低矮的植物，如多肉类植物。

NO.278　不要在家种植有毒花草

1.　黄色杜鹃花：植株和花内均含有毒素，误食会引起呕吐、腹泻。

2.　兰花：散发出来的香气闻之过久，会导致失眠。

3.　马蹄莲：花有毒，误食会引起昏迷等中毒症状。

4.　仙人掌：刺内含有毒汁，人不小心被刺后会导致全身难受，心神不定。慎养刺尖且多的仙人掌植物。

5.　一品红：全株有毒，如误食茎、叶，有中毒死亡的危险。

6.　郁金香：花中含有毒碱，家中不宜栽种。

NO.279　有毒塑料袋巧分辨

无毒的塑料袋一般是用聚乙烯做的，而有毒的塑料袋则是用聚氯乙烯做的。用燃烧的办法，能快速简便地鉴别塑料袋是否有毒。

聚乙烯能燃烧，火焰是蓝色的，上端显黄色，燃烧时散发出石蜡气味；而聚氯乙烯极难燃烧，着火时显黄色，外边绿色，并发出盐酸似的刺鼻气味。

NO.280　真的有"零甲醛"家具吗?

被骗好多年！"零甲醛"的家具其实根本不存在，这是一些商家利用消费者对甲醛恐惧的心理而采取的营销手段。家具中的甲醛主要存在于黏胶剂和储存木材需要用到的防腐剂中。

即使实木家具使用环保型胶黏剂和环保型板材，也不代表"零甲醛"，只是环保级别越高，甲醛含量就越少。

NO.281　隐藏在衣服中的杀手

1. 甲醛。天然材料做的衣物为防止虫蛀，经常用甲醛处理，如果长期穿着含高浓度甲醛的衣服，有致癌可能。

2. 重金属离子。主要来源于金属络合染料，进入人体会对人体健康造成危害，对儿童尤为严重。

3. 农药残留。棉、麻等种植过程中使用杀虫剂和除草剂，尽管残留量甚微，但经常与皮肤接触也可能会对人体造成伤害。

4. 染料。虽然染料是一种低毒性物质，但须防止婴幼儿吮嚼衣物。婴幼儿吮嚼衣物易通过唾液吸收有害物质。

5. pH值过高或过低。会破坏人体的pH值平衡，对皮肤产生刺激，甚至引发皮肤感染。

NO.282　老人在家防跌倒十大守则

1. 听见电话铃响时不要慌张，从容地去接听。

2. 进出浴室、浴缸时，使用握把协助身体移动。

3. 避开湿滑地面，绕道通过。

4. 进入昏暗的房间时，要先开灯。

5. 及时捡起家中掉落或零散在地面上的物品。

6. 有电梯可搭乘，就不要爬楼梯。

7. 随身携带拐杖、助行器等辅助器具。

8. 身体不适时，要使心情放松，不急躁。

9. 空出时间做适量运动。

10. 具体情况具体咨询。向家庭医生咨询防跌倒的相关知识。

NO.283　造成失眠的几个坏习惯

1. 在强迫自己入睡的情况下躺得越久，睡得就越差。

2. 把睡前当成检讨的时间，越想越多当然睡不着。

3. 一到天黑便担心会失眠，越担心越睡不着。

4. 半夜失眠拿起闹钟来看时间，结果时间分秒过，睁眼到天亮。

5. 常在床上念书、吃东西、看电视，容易形成不想睡的氛围。

6. 睡觉分段，表面上看起来总时数差不多，但睡眠结构是破碎的。

7. 白天的活动不多，吃饱了就睡，醒后再吃，睡多了自然晚上睡不着。

8. 睡觉前摄入刺激食物，如咖啡、浓茶，会破坏睡眠结构。

NO.284　小心"化妆性眼病"

1. 角膜真菌病。睫毛膏中常发现有茄病镰刀菌污染，易引起角膜真菌病，严重污染者可导致双目失明。

2. 角膜灼伤。若稍有疏忽将冷烫精溅入眼中，轻则灼伤角膜，严重时会使眼球萎缩、角膜混浊甚至诱发白内障。

3. 结膜炎。化妆品粉尘落入眼内，可使眼睛发炎红肿、疼痛、畏光流泪，发生过敏性结膜炎。

4. 结膜染色。一些有颜色的化妆品如果不慎进入眼内，很有可能将结膜染成黄色或有色素沉着。

NO.285 认识塑料制品底部标志

塑料制品一般底部有一个由三个箭头组成的三角形标志，这是"可回收再生利用"的意思，里面的数字代表了不同的材料。

1代表PET，温度一高容易变形。

2代表HDPE，比较耐高温，但不易清洗。

3代表PVC，我国比较少用于包装食品。

4代表LDPE，保鲜膜大多是用这种材质，耐热性不强。

5代表PP（聚丙烯），微波炉餐盒都采用这种材质。

6代表PS，碗装泡面盒、发泡快餐盒的材质，耐热抗寒，但不能放进微波炉中。

7代表其他类，不能用来盛装开水。

NO.286 日常口腔护理误区

1. 牙痛才去看医生。口腔问题最重要的是治未病，定期检查才是最重要的。

2. 重视龋齿，忽视牙周病。牙周炎会影响心、肺、肾等重要脏器，牙周炎患者发生冠心病、糖尿病和脑血管病的概率远远高于牙周健康的人群。

3. 根据广告选牙膏。多数有防蛀功能的牙膏对于预防牙周炎、牙龈炎基本不起什么作用，消费者须仔细辨别，避免受到广告的误导。

NO.287 "二郎腿"跷出来的病

1. 腿部静脉曲张或血栓塞。特别是患高血压、糖尿病、心脏病的老年人，跷二郎腿会使病情加重。

2. 影响男性生殖健康。跷二郎腿最长别超过10分钟。

3. 脊椎变形，引起下背疼。跷二郎腿时容易弯腰驼背，久而久之脊椎便形成"C"字形。

4. 常跷二郎腿还易造成骨骼病变或肌肉劳损。如果感到腰酸背疼，可适当做伸展或扩胸运动，左右转动一下颈椎，或靠在椅子上休息一会儿。

NO.288 睡前用电脑的几个危害

1. 导致睡眠障碍。最好在睡前两小时停止使用电脑。

2. 辐射易诱发疾病。过多的电脑辐射污染会影响人体的循环系统及免疫、生殖和代谢功能，严重的还可能诱发癌症。

3. 影响生殖系统。主要表现为男子精子质量降低，孕妇易发自然流产和胎儿畸形等。

4. 影响心血管系统。导致心悸、失眠和心搏血量减少、窦性心律不齐、白细胞减少等。

5. 影响视觉系统。主要表现为视力逐渐下降，甚至引起白内障等眼疾。

NO.289 别把虫子拍死在身上

有些小虫子如果被拍死在人的皮肤上，其体内含有的强酸性毒素会在皮肤接触部位引起急性炎症反应，出现成片的红斑。一旦发现有小虫落在裸露的皮肤上应将其掸落，最好不要用手拍打，以免引起急性炎症反应。

被小虫子叮咬后瘙痒，不妨用盐水洗或冰敷一会儿被叮部位，能缓解瘙痒的程度，或在局部皮肤上涂抹清凉油、虫咬药水、复方炉甘石洗剂等，但如果症状较重，应马上到医院就医。

NO.290　不宜洗澡的五种情况

1. 血压过低时不宜洗澡。水温较高可使人血管扩张，低血压的人容易发生虚脱。

2. 酒后不宜洗澡。酒精会抑制肝脏功能活动，阻碍糖原释放。而洗澡时人体葡萄糖消耗会增多，酒后洗澡，血糖得不到及时补充，严重时可能发生低血糖昏迷。

3. 饱餐后和饥饿时都不宜洗澡。否则易引起低血糖，甚至虚脱、昏倒。

4. 劳动后不宜立即洗澡。否则易引起心脏、脑部供血不足，甚至发生晕厥。

5. 发烧时不宜洗澡。此时身体比较虚弱，洗澡容易发生意外。

NO.291　与宠物"亲密接触"时防抓咬

与狗、猫等宠物嬉戏、亲密接触时，要特别注意自己的言行，以防被宠物抓咬受伤。

1. 与宠物猫、狗在一起时，不要突然惊吓它，否则宠物受到惊吓容易转而攻击人。

2. 当狗在您身边围着闻气味儿时，不要惊慌，可原地站住不动。

3. 当狗追您时，不要抬脚踢它，有效的办法是站住，假装弯腰捡石头打它。

4. 抚弄宠物时，手心向下，慢慢接近它，如手心向上，宠物会觉得您要打它。

5．定期给宠物注射相关疫苗。

NO.292　如何远离铅中毒

铅是我们日常生活中一种常见的重金属毒物，如何预防铅中毒呢？

1．不吃或少吃含铅食品。如皮蛋、爆米花、铅质焊锡罐头食品。

2．切勿用报纸等印刷品包裹食物。

3．家庭装修时不采用含铅油漆。

4．远离含铅衣物。颜色鲜艳的衣服往往含铅量高，尤其是内衣，应尽量选择浅色的。

5．防汽车尾气，并且尽量减少在汽车往来多的道路附近散步。

6．常吃牛奶、海带、木耳、大蒜、豆制品、猕猴桃等食物，有利于促进铅的排出。

NO.293　妥善储藏家庭常用药

家庭常用药如果储藏不妥，不仅会降低药效，还会发生霉变，应注意以下几点：

1．药品存放处必须清洁干净，贮药时要密闭。

2．药品应装入暗色玻璃瓶或不透光的盒内保存，并放在避光处。

3. 存放药品的器皿、箱柜应放在阴凉干燥处。

4. 药品的瓶、盒、袋要贴上准确醒目的标签。另外，要注意药品的有效期或过期时间。

NO.294　家庭常用药安全隐患（一）：买药不分OTC

OTC指非处方药，非处方药的药盒右上角有OTC标识，自己买药服用的时候，只有非处方药才是安全的；而没有OTC标志的处方药如去痛片，普通消费者不可擅自购买服用，需要有专业的医师指导，否则其产生的毒副作用不可自控。

NO.295　家庭常用药安全隐患（二）：用药不看说明书

药品的说明书涵盖了该药品的药物组成、适应证、服用方法、用药注意事项、有效期、药物相互作用、不良反应等信息，仔细阅读说明书是保证安全、合理用药的前提。用药之前一定要仔细阅读药品说明书并且切实按照说明书的要求服用。

NO.296　家庭常用药安全隐患（三）：重复用药

有些人自己买药服用的时候，以为同时服用几种药病会好得更快，殊不知重复用药是导致药物不良反应的根源之一。

此外，我国还有一类药物——中成药，消费者很容易忽略其中的西药成分，服用中成药的同时服用有相同成分的西药，也可造成重复用药。

NO.297 家庭常用药安全隐患（四）：过分迷信抗生素

不少人"迷恋"抗生素，甚至有人视其为"万能药"，大病小病都要吃点，要知道，滥用抗生素会造成耐药性。

抗生素是处方药，一定要按处方服用，如果没有严格按照规范服用抗生素，"万能药"同样也是致命药，抗生素的滥用甚至有可能对整个人类的健康造成威胁。

NO.298 家庭常用药安全隐患（五）：不按量服药

药物的用药剂量都是经过无数的临床病例总结而得来的，是目前认为最合理的，所以一定要按规定剂量服药，不要任意减量或增量，否则后果可能是相当严重的。

如果是病情需要，一定要改变用药剂量，必须在医生或执业药师指导下进行。

NO.299 家庭常用药安全隐患（六）：不按时服药

药物之所以能持续性地治疗疾病，与其在血液中维持一定的浓度有关，若要保持治病需要的血药浓度，就必须按时按剂量服药。尤其对于慢性病（如高血压）患者来说，按时服药非常重要。

不按时服药不仅仅是指在疾病治疗中没有按时间服药，也包括偶尔忘记而漏服的情况。

NO.300　家庭常用药安全隐患（七）：
使用过期药品

　　药品在储存的过程中会不断发生变化，药品的保质期是经过科学验证后才制定的。当药品超过保质期，会有两种情况：一是药效减弱，二是药品发生了变质甚至化学结构上的改变。如果药品发生了变质和化学结构改变，它就不再是治疗疾病的良药，而是可能要人性命的毒药了。

四、办公、生产安全常识

NO.301　求职避开这些"套路"

1. 高薪诱惑下的收费骗局。比如以礼仪、模特招聘和歌星、影星培训或网络刷单手为由，从中赚取制作费、服装费或培训费、报名费。

2. 毫无效力的公司口头承诺。与用人公司达成口头协议后，一定要和公司签订规范的书面劳动就业合同。

3. 培训外衣掩盖下的传销陷阱。非法公司利用求职者急于找到工作、是非判断力降低的状况，通过培训洗脑，将其变为敛财与发展下线的对象。

NO.302　求职谨防黑职介

1. 拒绝缴纳以各种名义收取的任何费用。如收取抵押金、服装费、风险金、报名费、培训费，这些都属于违法行为。

2. 不轻信高薪招人广告。无论其宣传的待遇有多好，也要保持头脑的清醒和高度的警惕性。

3. 不将重要的证件作抵押，包括身份证、学生证、毕业证等，任何单位都无权扣押证件。

4. 主动学习并掌握劳动法规和相关政策，提高自己的求职素质、法律意识和独立思考的能力。

NO.303　与用人企业签订合同时要"三看"

1. 看企业是否在工商部门登记以及企业注册的有效期，否则所签的合同无效。

2. 看合同字句是否准确、清楚、完整（不能使用缩写、替代或含糊的文字表达）。

3. 看劳动合同是否有一些必备的内容。一般应包括：合同期限、工作内容、劳动条件和劳动保护、劳动报酬、劳动纪律、劳动合同终止的条件、社会保险和福利待遇、违反劳动合同者应承担的责任、双方认为需要规定的其他事项。

NO.304　合法直销和非法传销有本质区别

合法的直销公司有自己的工厂和科研机构，生产和销售的产品都是经国家批准的，公司和直销员是合作关系，利益建立在销售产品的基础之上。

非法传销组织没有自己的工厂，而是将其他厂家粗劣的产品逐层传销给下线会员，每一层都要加上中间利润，因此商品价值和实际价格相差甚远，而且不准退货，使下线会员在经济上受到极大的损失。

NO.305 几招辨别传销组织

传销有以下三大显著特征，擦亮眼睛莫上当。

1. 囤货诈钱。传销组织往往强迫、诱导加入者买一批"货"，其目的是获取尽量多的收入。

2. 挂羊头卖狗肉。非法传销组织往往打着合法培训会议的旗号，极力宣扬"迅速致富"。

3. 交纳高额入门费。非法传销组织的"收入"来源于加入者交纳的各种高额费用。

NO.306 误入传销组织如何自救

1. 记住地址，伺机报警。

2. 在外出上课学习的途中逃离。

3. 装病，寻找外出逃离的机会。

4. 从窗户扔纸条求救。

5. 骗取信任，寻机逃离。

只要沉着冷静与传销组织斗智斗勇、巧妙周旋，就能化险为夷，避免生命财产遭受不必要的损失。

NO.307 大学生暑期工常见六大骗局

1. 收取押金。押金很难退回来，或找种种理由故意克扣工资。

2. 收中介费。交完费不安排工作，很多学生直到假期结束都没有上岗。

3. 骗色抢劫。有的娱乐场所以高薪来吸引大学生兼职，年轻的女学生容易误入歧途。

4. 收取保证金、培训费。甚至之后还用其他的骗局骗钱。

5. 体检费。与非法医院勾结，体检完毕后不安排工作。

6. 传销组织骗人。

NO.308 大学生暑期工怎么找

大学生打暑期工经常被骗，轻者拿不到报酬，重者受到人身侵害。因此，大学生在找工作时一定要本着安全第一的原则，注意鉴别工作信息，确认紧急联系人，并及时发送相关地址信息。寻找信息的方法如下：

拜托熟识的学长、学姐、老师介绍；发动身边的亲人、朋友，拓展信息圈；关注学校的内部招聘；留意学校宣传栏上的招聘广告；注意筛选正规招聘网站上的招聘信息；积极主动联系的公司为正规的、有一定规模的公司。

NO.309 网上兼职骗局（一）：打字员

骗子在QQ群大肆转发招聘兼职打字员的广告，往往声称工作简单，报酬却非常诱人。受害人上钩后，骗子便要求受害人将广告转发到十个群，并要求受害人支付押金。

这类骗局其实很好识破，试问如果世上真有坐在家里打打字就能赚大钱的工作，为什么大部分人还要朝九晚五的上班呢？

NO.310 网上兼职骗局（二）：淘宝刷单

骗子自称淘宝店铺商家，招聘刷单员提高商品交易数量。

受骗人上钩后，被要求交纳一笔保证金，一开始保证金数额比较小，佣金和保证金很快打回受害人账户，之后保证金数额会逐步提高，当达到一定数额后，骗子就会完全消失，再也联系不到。

NO.311　网上兼职骗局（三）：网店加盟

骗子事先搭建好一个看似完善但其实只是个空壳的平台，在网上发布加盟网店的广告，号称提供货源和服务，但其实并无产品，以骗取受害人的"加盟费"以及后续的各种费用，这是个"连环计"。这类骗局最典型的就是所谓的"返利网"。

NO.312　网上兼职骗局（四）：微商

微商骗局，可以称之为网络传销，跟现实中传销的本质没有太大区别，不同的是网络传销更具隐蔽性。骗子利用劣质产品在朋友圈招募微商代理，并时常在朋友圈"炫富"，宣传加盟后的高"佣金"，受害人上钩后，被误导去继续发展下线。

NO.313　网上兼职骗局（五）：朋友圈投票、点赞

骗子号称招聘朋友圈投票员、点赞员，以计件多少发放佣金，这个骗局与兼职打字员的套路基本一致，受害人被告知要交纳押金才能获取任务，交钱之后骗子很快就消失得无影无踪。

我们对于各类公众账号要提高警惕，擦亮双眼，多方求证真伪，尤其不要随意进行网上交易。

NO.314 网上兼职骗局（六）：
利用某平台漏洞赚钱

骗子首先开发一个平台，再以此平台有漏洞为诱饵，在网上发布利用此漏洞赚钱的流程。然而这是骗子事先精心设计好的，看似非常合理，但前提是先在平台上充值100元。很多受害人由于抵制不住诱惑，最终充值。虽然100元不多，但被骗人数众多，累积下来金额巨大。

NO.315 网上兼职骗局（七）：
网络赚钱培训

骗子吹嘘自己的所谓传奇经历——月赚几万甚至几十万、上百万，讲得天花乱坠，声称只要交了培训费，马上就可以数倍或数十倍、数百倍地赚回来。受害人交钱后根本赚不到钱，回头才发现所谓的网络赚钱培训大师已经溜之大吉。

还是那句话：让您先交钱的网上兼职一定不要参与！

NO.316 网上兼职骗局（八）：
有偿注册、体验、挂机

骗子事先搭建好带有木马的网站或者APP，以高额的回报为诱饵骗受害人注册、体验、下载，受害人被要求绑定支付宝、银行卡，一旦照做，轻则木马程序盗取手机里的个人信息及各种账号密码，重则篡改受害人的网银支付信息，直接将钱转到骗子的账户。

NO.317　网上兼职防骗指南

1. 凡是涉及钱的事情，一定要慎重。

2. 凡是要自己掏钱再去换取利益时，宁可不要。

3. 凡是重要信息，不要轻易告知他人。

4. 凡是号称能轻松赚大钱的工作，都是骗局。

NO.318　社保有用吗?

1. 养老保险对于个人未来退休后的生活有很大的保障，不用担心老无所依。

2. 人难免会因生病、意外而住院或就诊，医保可以报销住院的费用，还可以购买日常药品。

3. 失业保险对于工作不稳定的人来说是有很大的保障作用，失业后可以享受补助性收入。

4. 工伤保险保障了工伤职工医疗以及其基本生活、伤残抚恤和遗属抚恤。

5. 生育保险对于女性有很好的保障作用，可以承担一部分女性生育产生的经济支出。

NO.319　讨薪也要讲技巧

1. 时机把握。讨薪不一定要放在年底，应该提前准备，在讨薪高峰期到来之前解决问题。

2. 手段合理。讨薪杜绝使用过激手段，不要使用可能给老板和社会带来伤害的手法。

3. 关注社会讨薪活动。及时把握时机，积极参与，往往会有一定的效果。

4．切中要害。比如收集欠薪者违法行为的证据，向有关部门举报。

5．底气十足。这一点非常重要，切记。

NO.320 加班费如何计算？

1．法定工作日加班的，加班费不低于本人小时工资标准的150%。

2．法定假日加班而又不能安排补休的，加班费不低于本人日或小时工资标准的200%。

3．法定节日加班的，加班费不低于本人日或小时工资标准的300%。

4．实行计件工资的，在完成定额任务后，加班费分别不低于本人计件单价的150%、200%、300%。

NO.321 不能拒绝的四种加班

1．发生自然灾害、事故或因其他原因，使人民安全和国家财产遭到严重威胁，需要紧急处理的。

2．生产设备、交通运输线路、公共设施发生故障，影响生产和公众利益，必须及时抢修的。

3．必须利用法定节日或公休假日停产期间进行设备检修、保养的。

4．为完成国防紧急任务，或者上级在国家计划外安排其他紧急生产任务，以及商业、供销企业在旺季完成收购、运输、加工农副产品紧急任务的。

NO.322　加班费发放六大陷阱

1. 随意确定加班工资计算基数。
2. 每月工资里含固定加班费。
3. 发实物或过节费代替加班费。
4. 以调休代替加班费。
5. 用加班津贴代替加班工资。
6. 以计件工资为由不发加班工资。

NO.323　值班、加班大不同

1. 工作内容不同。加班是劳动者本职工作的延续；而值班一般不具有工作的延续性。

2. 工作强度不同。值班没有严格的时间限制；而加班则必须遵守《中华人民共和国劳动法》的规定。

3. 法律后果不同。值班由单位内部制定的规章制度予以调整；而加班却受诸多相关法律法规限制。

NO.324　我国法定节假日全知道

1. 全体公民放假的节日：元旦、春节、清明节、劳动节、端午节、中秋节、国庆节。

2. 部分公民放假的节日及纪念日：妇女节、青年节、儿童节、中国人民解放军建军纪念日。

3. 少数民族习惯的节日：由各少数民族聚居地区的地方人民政府按照该民族习惯规定放假日期。

4. 不放假的节日、纪念日：二七纪念日、七七抗战纪念日、教师节、植树节等。

NO.325 四招摆脱"节日综合征"

1. 饮食上预防。假期结束前最后一两天，饮食要以清淡为主，让身体机能得到充分的休息。

2. 体育锻炼预防。运动可有效解除疲劳、恢复精力，也会让人的心态更加积极起来!

3. 心理暗示。不断对自己进行心理暗示是必要的，让自己迅速摆脱"节日状态"。

4. 充足的睡眠。改正节日里毫无规律的睡眠，提前恢复正常作息时间，提高睡眠质量。

NO.326 试用期常见十大陷阱

1. 试用期内不签劳动合同。

2. 单独签订试用期合同。

3. 因莫须有的理由被辞退。

4. 试用期超时限，以各种理由延长试用期。

5. 续订合同再次约定试用期。

6. 用实习期抵试用期。

7. 试用期工资仅仅不低于当地最低工资。

8. 试用期内享受福利低人一等。

9. 试用期内离职要求赔偿培训费。

10. 试用期考核不合格者立即辞退。

NO.327 舒服的办公坐姿未必好

正确的办公坐姿应是上身挺直、收腹，下颌微收，下肢并拢，膝关节略高出髋部。如坐在有靠背的椅子上，则应在上述姿势的基础上尽量将腰背紧贴椅背，这样腰骶部的肌肉不会太疲劳。久坐之后，应活动片刻，松弛一下肢肌肉。另外，腰椎间盘突出症患者不宜坐低于20厘米的矮凳，要尽量坐有靠背的椅子，这样可以承担躯体的部分重量，减少腰背劳损。

NO.328　安全乘坐电梯须知

1. 等待电梯停稳并自动开门后再迅速走出电梯，任何情况下都不能扒门。

2. 不要长时间用身体或其他物品阻止电梯关门。

3. 不要倚靠在电梯门或按键上。

4. 不要在电梯内蹦跳、打闹。

5. 不要拆除、毁坏电梯的部件或者标志、标识。

6. 勿携带易燃易爆物品或者危险化学品搭乘电梯。

7. 发生地震、火灾、电梯进水等紧急情况时，请勿使用电梯，改用消防通道或楼梯出行。

8. 被困在电梯内时，通过报警装置与电梯管理人员取得联系，耐心等待救援。

NO.329　安全乘坐自动扶梯须知

1. 勿搭乘没有张贴电梯安全检验合格证或合格证超过有效期的自动扶梯。

2. 小孩和老弱病残人员必须在有人看护的情况下搭乘扶梯，以免发生意外。

3. 禁止小孩在自动扶梯的出入口处、运动的梯级上玩耍、嬉戏、奔跑。

4. 按顺序依次搭乘，勿相互推挤。

5. 站在踏板黄色安全警示边框内，勿踩在梯级的交界处，以防运行至倾斜段时摔倒。

6. 禁止沿自动扶梯运行的反方向行走或跑动。

7. 切忌将头部、肢体伸出扶手装置以外，也不要四处张望。

8. 禁止利用自动扶梯直接运载物品，手推婴儿车、购物小推车不得搭乘自动扶梯。

NO.330　午睡还是"误睡"

对于工作时间紧张无法回家午睡的上班族来说，在办公室午睡要特别注意方法。

1. 午餐不吃油腻食物，不要吃得太饱，否则会加重胃的消化负担。

2. 不宜在午餐后立即躺下午睡。一般应在午餐后至少休息十几分钟后再午睡。

3. 午睡时应避免受较强的外界刺激。如空调开得温度过低，就易患感冒或其他疾病。

4. 不要伏案睡觉，否则醒后易感觉不适，久而久之还会诱发眼疾。

5. 午睡后起身要慢慢站起，用冷水洗洗脸，能有效消除不适感。

NO.331　电脑族的六大困扰

1. 眼睛疲劳。因为你长时间使用电脑，会让眼睛一直专注在电脑上，从而会导致眼睛容易疲劳。

2. 头痛。除了我们上面说的会眼睛疲劳以外，也会导致头痛。这个主要是因为长时间使用电脑会让我们的大脑一直都得不到放松，从而导致头痛。

3. 亚健康。经常对着电脑，可不仅仅只有外部带来的伤害，内部的话会被电脑辐射所影响，从而造成亚健康。

4. 伤害皮肤。研究表明，很多经常使用电脑的人都会比那些不怎么使用电脑的人的皮肤更差。经常使用电脑的人其皮肤会变得更加粗糙，并且毛孔会变大，甚至还会出现黑头。

5. 容易失眠。如果长时间使用电脑，人往往经常会出现失眠、心悸、免疫力下降等症状。

6. 网络成瘾。许多人沉迷网络中光怪陆离的世界，一离开电脑就好像失魂落魄。这个就是网络成瘾的表现了。所以常常使用电脑会造成网络成瘾，这对我们的身心会造成非常大的危害。

NO.332　电脑对皮肤有伤害

上班族每天打开电脑的一刹那，便开启了电脑对面部皮肤的全面伤害。

1. 电脑产生的电磁辐射会直接侵害面部皮肤，可导致皮肤缺水干痒、肤色变黄、产生细纹，出现干性肤质越来越干、油性肤质越来越油的恶性循环。

2. 静电作用会使电脑显示屏表面吸附许多空气中的粉尘和污物，皮肤长期处于不洁的环境中，会加快氧化和衰老进程。

3. 长期面对电脑工作还会伤害眼睛，导致眼睛干涩、疲劳、怕光，眼部肌肤容易老化，黑眼圈生成并逐渐加重。

—— NO.333 三步轻松挥别"电脑肌" ——

1. 日间护肤、涂隔离霜、晚间修护——精心防护，为肌肤撑起保护伞。

2. 彻底洁肤、定期深层清洁，注意清洁电脑——彻底洁肤，让肌肤体验零负担。

3. 选择合适的眼霜、给眼部按摩、做眼部SPA——舒缓滋润，给眼部额外的照顾。

—— NO.334 什么是"鼠标手" ——

"鼠标手"也称为鼠标伤害，广义上指所有由于使用鼠标而导致的手臂、手腕、手掌、手指的上肢不适，甚至肩部、颈部的不适，手腕和前臂的疲劳酸胀，手腕的僵硬，手掌的酸涩等都属于鼠标手。

正常情况下，手腕的活动是不会妨碍到正中神经的，但是在操作电脑的时候，手腕必须要背屈一定的角度，而此时手腕就会处于一个强迫的体位，不能自然地伸展。每日使用电脑，手腕长期密集、反复和过度的活动，慢慢地就形成了鼠标手。

—— NO.335 四招自测"鼠标手" ——

经常使用电脑者可以从以下几个方面判断自己是否得了"鼠标手"：

1. 自我感觉。使用电脑时间稍微一长特别是晚上，手腕就会不舒服，手指有麻、痛的感觉。

2. 手张开，掌心向上，叩击手腕部两条比较浅的肌腱，靠近拇指那半边有痛、麻、酸胀的感觉。

3. 桡侧3根半手指麻木、刺痛或有烧灼样的痛和肿胀感，晚上睡觉手麻，但甩甩手会减轻。

4. 增加手腕管的压力。做极度的屈腕动作1~2分钟就出现手指麻木的现象。

NO.336 正确摆放电脑，预防"电脑病"

1. 电脑的中线和操作者鼻子的中线处在同一条直线上，摆正身体，减少扭曲。

2. 鼠标靠近中轴线，避免离身体太远。

3. 录入文档时，应将文档放在支架上，并与显示器同一平面。

4. 尽量使用电脑支架，这样可以维持颈椎生理曲度，减少疲劳。

NO.337 企业能否监控员工网络聊天记录？

有调查显示，中国近两成的公司对员工的网络聊天记录、电子邮件内容进行监控，而通过QQ、微信、MSN在公司聊天的员工达到90%以上。

企业监控员工网络聊天记录是否侵犯个人权利，不能一概而论。QQ、微信、MSN的聊天记录以及电子邮件属于个人行为，它如同私人信件、私人电话一样，是一对一的。既然私人信件和私人电话是受法律保护的，那么原则上聊天记录也应该受到保护。有些公司确实规定了员工不能在工作时间聊天，员工如果违反了公司的规定可以按照规定来处罚员工，比如批评、处罚金甚至解除劳动关系，但是却不能以私自监控聊天记录作为惩罚手段。如果公司已明确规定员工在工作时间不能用聊天工具聊私事，且公司已经明确告诉员工公司安装了监控设施，在这样的情况下，公司可以通过技术手段来监控员工的电脑使用情况，其中也包括查看员工的网络聊天记录。

NO.338 警惕手机成瘾

现代人每时每刻都离不开大量的数据和信息，自然也就离不开手机——这个移动互联网终端了。相关调查显示，40%的人24小时手机不离身，83%的人睡觉时把手机放在床边，75%的人曾在开车时打电话，这些都会对身体造成不同程度的伤害。47%的青少年认为社交生活离不开短信，42%的青少年称自己发短信能"盲打"。15%的人承认，如果不想和陌生人交谈，他们会拿出手机来；超过50%的人喜欢以虚拟的形式交谈胜过面对面交谈。40%的人在上厕所时接过电话。离开手机他们会觉得心里空落落的。

许多人每隔几分钟就会情不自禁打开手机查看信息，顺带刷朋友圈、浏览公众号；或者上淘宝、天猫、京东买、买、买！如果离开手机，则烦躁易怒、坐立难安，那可要警惕了，这些都是手机成瘾的表现。

NO.339　别用酒精清洁打印机

许多人认为酒精的清洁力强，所以在清洁打印机时都爱用它。殊不知由于酒精是易燃溶液，如果在开着打印机的情况下用它来清洁的话，则容易接触到打印机内部的电子零件，从而可能造成零件烧坏甚至失火或电击。

NO.340　禁止吸烟，远离"二手烟"

烟草中所含的尼古丁、焦油、一氧化碳等几十种化学成分对呼吸道有很大危害。

而"二手烟"与直接吸入的烟相比危害更大，如一氧化碳含量高5倍，焦油和尼古丁含量高3倍，苯含量高4倍。"二手烟"对妇女和儿童的危害尤其大。为了自己和他人健康，应养成不在公共场所吸烟的习惯；而为了维护个人的健康，也应该尽快戒烟，拒绝"二手烟"，让肺自由呼吸。

NO.341　五种"职业胃病"的预防与对策

1. 公司白领：加班加出胃病来。改变不良的生活习惯，一日三餐尽可能按时定量，是白领"保胃战"最有效的措施。

2. 销售人员：都是"应酬"惹的祸。日常注意小小的控制，赢回来的是长久的健康，何乐而不为呢？

3. 空姐：压力大了也胃疼。仔细地分析压力来自何处，制定相应的缓解压力的措施。

4. 记者：生活不规律惹胃病。要及时调整不健康的作息时间和生活习惯。

5. 自由职业者：生物钟是个大问题。养成良好、健康的生活习惯，由习惯来保证生物钟"准点"。

NO.342　给"蜘蛛人"的安全忠告

1. 不在恶劣的天气下工作。

2. 不可带病工作。

3. 认真检查机械设备性能是否良好及各种用具有无异常，方能上岗操作。

4. 须正确使用操作绳、安全绳。

5. 施工负责人和楼上监护人员要给予指挥和帮助。

6. 预防辅助用具坠落伤人。

7. 严禁作业时嬉笑打闹及携带其他无关物品。

8. 落地时仔细观察，待地面监护人员同意后方可缓慢下降，直至地面。

NO.343　安全色知多少

安全色是表达安全信息的颜色，表示禁止、警告、指令、提示等意义。正确使用安全色，可以使人员能够对威胁安全和健康的物体和环境尽快做出反应；迅速发现或分辨安全标志，及时得到提醒，以防止事故、危害发生。我国规定用红、黄、蓝、绿四种颜色作为全国通用的安全色。四种安全色的含义和用途如下：

红色　表示禁止、停止、消防和危险的意思。禁止、停止和有危险的器件设备或环境涂以红色的标记。如禁止标志、交通禁令标志、消防设备、停止按钮和停车、刹车装置的操纵把手、仪表刻度盘上的极限位置刻度、机器转动部件的裸露部分、液化石油气槽车的条带及文字、危险信号旗等。

黄色 表示注意、警告的意思。需警告人们注意的器件、设备或环境涂以黄色标记。如警告标志、交通警告标志、道路交通路面标志、皮带轮及其防护罩的内壁、砂轮机罩的内壁、楼梯的第一级和最后一级的踏步前沿、防护栏杆及警告信号旗等。

蓝色 表示指令、必须遵守的规定。如指令标志、交通指示标志等。

绿色 表示通行、安全和提供信息的意思。可以通行或安全情况涂以绿色标记。如表示通行、机器启动按钮、安全信号旗等。

黑色、白色 这两种颜色一般作安全色的对比色，主要用作上述各种安全色的背景色，例如安全标志牌上的底色一般采用白色或黑色。

NO.344 电工色知多少

电工色通过不同颜色发出不同的信息，达到安全生产的目的。了解电工色知识有助于在工作场所的安全生产。

红色用来表示禁止、停止、消防。提醒人们提高警惕，禁止触动。

黄色用来表示注意危险。提醒人们不要草率、轻易行动。

蓝色用来表示强制执行。

绿色用来表示生产场所十分安全或已经采取安全措施。

黑色用来绘制标示牌的各种几何图形，书写警语文字。

NO.345　不能签的七类劳动合同

1. 口头合同。一旦发生纠纷，空口无凭，无据可查。

2. 简单合同。基本要素残缺，没有必要的细节约束。

3. "一边倒"合同。内容模糊，用人单位滥用所谓的解释权。

4. 抵押合同。要求劳动者抵押证件、财产，并以种种理由不退还。

5. 双面合同。合法、规范的假合同仅由用人单位保管，应付检查，实际上并不执行。

6. "卖身"合同。要求劳动者必须遵守不合法的所谓的"厂规厂纪"。

7. "生死"合同。即使签订了此类合同，劳动者也仍可依法提出仲裁或诉讼。

NO.346　事实劳动关系的十五条证据

1. 入职登记表、录用通知书等。

2. 证明职务身份的证件。如工作服、出入证。

3. 工资单、工资收入证明（需会计人员签名）、社会保险记录单等。

4. 考勤记录。

5. 其他劳动者的证言。

6. 发表有自己作品的公司内部刊物或网站。

7. 本人代表公司签订的合同、客户业务记录等。

8. 由公司签字的岗位职责说明书等。

9. 公司发放的荣誉证书等。

10. 工作中的来往邮件等。

11. 与公司领导谈话录音、录像等。

12. 财务借款单、报销凭证等。

13. 工伤后有关部门调查询问的笔录。

14. 劳动监察部门投诉登记等。

15. 信用卡账单邮寄地址。

NO.347 女职工禁忌职业

1. 矿山井下作业。

2. 体力劳动强度分级标准中规定的第四级体力劳动强度的作业。

3. 每小时负重6次以上、每次负重超过20公斤的作业，或者间断负重、每次负重超过25公斤的作业。

除了绝对禁止以上三类劳动外，女职工在经期、孕期、哺乳期等特殊时期禁忌从事的劳动种类，我国法律都有相关的详细规定。

NO.348 女职工长期从事第四级体力劳动的危害

1. 导致月经失调。

2. 引起子宫内膜慢性瘀血，月经期可使痛经加重或引起腰痛。

3. 妊娠妇女从事重体力劳动，易导致流产或早产。

4. 未成年女性长期负重劳动，可影响骨盆的正常发育，引起骨盆狭窄或扁平骨盆。

—— NO.349　什么是商业秘密？ ——

商业秘密即商业机密，是指不为公众所知悉、能为权利人带来经济利益，具有实用性并经权利人采取保密措施的技术信息和经营信息。

如果员工过失或故意泄露商业秘密给公司造成损失的，公司将对泄露人进行处罚，故意泄露重大商业秘密，还可能构成侵犯商业秘密罪。

商业秘密主要分为以下两类：

1. 技术信息。作为技术信息的商业秘密，也被称作技术秘密、专有技术、非专利技术等。主要包括技术设计、技术样品、质量控制、应用试验、工艺流程、工业配方、化学配方、制作工艺、制作方法、计算机程序等。

2. 经营信息。主要包括发展规划、竞争方案、管理诀窍、客户名单、货源、产销策略、财务状况、投融资计划、标书标底、谈判方案等。

—— NO.350　构成商业秘密的三个要件 ——

1. 秘密性和新颖性。指作为商业秘密的信息不为本行业的人普遍知悉，不是本行业内公开和公知的信息，不是通过正常手段能获知的既存信息。

2. 价值性。指作为商业秘密的信息能够给持有人带来现实或潜在的经济利益或竞争优势。

3. 管理性。指商业秘密权利人为拥有商业秘密而对其采取合理的保密措施。

NO.351 员工工资属于商业秘密吗?

公司的工资架构与公司的用人及成本紧密相关,竞争对手公司通过一个公司的工资架构就可以了解该公司的真实成本情况,以工资优势挖走该公司的骨十。

无论中外,规范性的大公司都认为工资属于公司的商业秘密,严禁员工擅自公开。

NO.352 跳槽,您准备好了吗?

1. 不要为了钱而跳槽。我们工作不应只是为了赚钱,还要为了自己的职业理想奋斗。

2. 不要频繁跳槽。频繁跳槽会严重影响一个人的职业发展空间。

3. 不要盲目跳槽。认真做出决定,做好跳槽的准备,充分了解新职位的信息。

4. 跨行跨职业跳槽须慎重。换行不换职、换职不换行,才不会使自己总处于危险境地。因此,跳槽可以,但是不要让自己归零,重头开始。

5. 不要"裸跳"。准备离开一家公司之前,最好先找好下家。

6. 慎重异地跳槽。这会对未来工作、生活带来巨大改变,异地跳槽一定要慎重,决定前请仔细考虑,并详细了解新的工作和环境。

NO.353 上下班途中遇事故受伤都算工伤吗?

上下班途中遭遇事故而受伤,须满足以下四个条件才可认定为工伤。

1. 双方建立的是劳动关系（包括事实劳动关系）。

2. 发生伤害事故是在合理的上下班途中。

3. 责任事故认定中，非本人主要责任。

4. 伤害是由于交通事故（包含机动车和非机动车）或者城市轨道交通、客运轮渡、火车事故所导致。

NO.354　不能认定为工伤的三种情形

我国《工伤保险条例》第16条规定：职工有下列情形之一的，不得认定为工伤或者视同工伤：

1. 因犯罪或者违反治安管理规定伤亡的。

2. 醉酒导致伤亡的。

3. 自残或者自杀的。

NO.355　生产安全事故等级

1. 特别重大事故。造成30人以上死亡，或者100人以上重伤（包括急性工业中毒，下同），或者造成1亿元以上直接经济损失。

2. 重大事故，造成10人以上30人以下死亡，或者50人以上100人以下重伤，或者造成5000万元以上1亿元以下直接经济损失。

3. 较大事故。造成3人以上10人以下死亡，或者10人以上50人以下重伤，或者造成1000万元以上5000万元以下直接经济损失。

4. 一般事故。造成3人以下死亡，或者10人以下重伤，或是造成1000万元以下直接经济损失。

NO.356　哪些工种必须持证上岗

1. 矿产资源开采、危险化学品和其他危险物品生产岗位的特殊工种。

2. 食品、自来水、电、燃气等供应与服务岗位的特殊工种。

3. 交通运输与保障、公共设施建设与维护岗位的特殊工种。

4. 公共安全维护、公共财产安全保障岗位的特殊工种。

5. 特种装备制造、操作与维修岗位的特殊工种。

6. 人身健康服务岗位的特殊工种。

7. 法律、行政法规和国务院规定的其他涉及公共安全、人身健康、生命财产安全的特殊工种。

NO.357　常见的职业禁忌证

有些劳动者，由于处于特殊生理状态或者病理状态，从事某些职业或者接触某些职业病危害因素时，比一般人群更易于遭受职业病危害和罹患职业病，或者可能导致原有自身疾病病情加重，或者在工作中可能导致对他人生命健康构成危险，这种特殊的生理或者病理状态称为职业禁忌证。如，由于苯主要损害血液系统，中毒病人容易出血或出血不止，严重者还可能罹患白血病，因此，血象检查结果低于正常参考值的人就不能从事有苯危害的工作。以下介绍几种常见的职业禁忌证。

常见的金属类毒物的职业禁忌证

铅及其无机化合物：贫血、卟啉病、多发性周围神经病。

汞及其无机化合物：慢性口腔炎、慢性肾脏疾病、中枢神经系统器质性疾病、各类精神病。

锰及其无机化合物：中枢神经系统器质性疾病、各类精神病、严重自主神经功能紊乱性疾病。

镉及其无机化合物：慢性肾小管—间质性肾病、慢性阻塞性肺病、支气管哮喘、慢性间质性肺病、原发性骨质疏松症。

铬及其无机化合物：慢性皮炎、慢性肾炎、慢性鼻炎、慢性阻塞性肺病、慢性间质性肺病。

有机锡化合物：中枢神经系统器质性疾病、慢性肝炎、慢性肾炎、钾代谢障碍。

常见的非金属类毒物的职业禁忌证

砷：慢性肝炎、周围神经病、严重慢性皮肤病。

苯：血常规检出异常者，造血系统疾病，如各种类型的贫血、白细胞减少症和粒细胞缺乏症、血红蛋白病、血液肿瘤以及凝血障碍疾病等，脾功能亢进。

二硫化碳：周围神经病、糖尿病、视网膜病变。

甲醇：视网膜及视神经病。

汽油：过敏性皮肤疾病、神经系统器质性疾病。

二氯乙烷：中枢神经系统器质性疾病、慢性肝炎、慢性肾炎、心肌病。

正己烷：多发性周围神经病、糖尿病。

氯气：慢性阻塞性肺病、支气管哮喘、慢性间质性肺病、支气管扩张。

氮氧化物：慢性阻塞性肺病、支气管哮喘、支气管扩张、慢性间质性肺病。

一氧化碳：中枢神经系统器质性疾病、心肌病。

三氯乙烯：慢性肝炎、慢性肾炎、过敏性皮肤病、中枢神经系统器质性疾病。

酚：慢性肾炎、血液系统疾病。

有机磷杀虫剂：神经系统器质性疾病，全血胆碱酯酶活性明显低于正常者。

常见的粉尘的职业禁忌证

游离二氧化硅粉尘、煤尘、石棉粉尘：活动性结核病，慢性肺疾病或严重的慢性上呼吸道和支气管疾病，明显影响肺功能的胸膜、胸廓疾病，心血管系统疾病。

其他粉尘：活动性肺结核病、慢性阻塞性肺病、慢性间质性肺病、伴肺功能损害的疾病。

常见的物理与生物因素的职业禁忌证

噪声：各种原因引起永久性感音神经性听力损失、Ⅱ期高血压和器质性心脏病、中度以上传导性耳聋。

振动：周围神经系统器质性疾病、雷诺病。

高温：Ⅱ期高血压、活动性消化性溃疡、慢性肾炎、未控制的甲亢、糖尿病、大面积皮肤疤痕。

布鲁菌属：慢性肝炎、骨关节疾病、生殖系统疾病。

炭疽芽孢杆菌：泛发慢性湿疹、泛发慢性皮炎。

NO.358　办公室防火"五注意"

1. 注意一个插座不要带太多种电器。

2. 注意不能只使用办公室里固定的几个插座。

3. 便携式电器使用时要注意把盖布掀开，还应与易燃物保持一定距离。

4. 注意将智能电器设成省电模式，不用时自动进入"休眠"状态。

5. 下班后注意及时关闭办公室所有设备的电源。

NO.359　办公室细菌"聚集地"（一）：电话

打电话的时候，口水会经由嘴巴喷射到电话话筒上，不注意清洁，电话机会成为一个潜在的"细菌炸弹"。

建议每间隔2~3天用干净的软布擦拭一遍电话机的机身和话筒；至少每隔一个月用消毒棉清洗整个电话机；尽量避免让您使用的电话成为"公用电话"。

NO.360　办公室细菌"聚集地"（二）：电脑键盘

电脑键盘的缝隙里无法消毒或者清洗，久而久之便成了一个藏污纳垢的地方，而每天双手却要在上面敲击。

建议不在电脑桌前吃东西，这是避免键盘滋生细菌最直接的办法；此外，还要定期擦拭清洁。私人使用的电脑尽可能不要让其他人使用。

NO.361 办公室细菌"聚集地"（三）：大门

每天都有很多人出入公司大门，使用频率颇高的门把手上会沾染来自不同地方的细菌，成为传播细菌的罪魁祸首。

建议进出大门后用洗手液洗手或消毒；如果有条件的话，让公司的保洁人员每两小时对大门和其他出入门的把手进行一次清洁消毒。

NO.362 办公室细菌"聚集地"（四）：计算器

计算器是公司财务人员日常工作的必备物品。与电脑键盘一样，计算器上的病菌也多得超乎您的想象。

申请独自使用一个计算器，这毕竟不是什么昂贵的办公用品；也不要一边吃东西一边使用它；每天上班时先用消毒纸巾对它进行擦拭清洁。

NO.363 办公室细菌"聚集地"（五）：地毯

有人患有所谓的"地毯过敏"鼻炎，其实是因为长期受到地毯中细菌的骚扰。

应当至少每个月请专门的地毯清洁人员对地毯进行一次整体清洗，每3个月进行一次深层清洗；在地毯上打翻食物或者饮料，应立即进行局部清洗；一些可以吸螨虫的强力吸尘器能对地毯进行有效的日常清洁。

NO.364 如何预防职业病

1. 就业前进行职业卫生知识培训。了解生产工艺过程、存在的危害、应急处理等知识；学会用法律知识维护自己的权益。

2. 生产过程中自我防护。工作过程中自觉遵章守纪，严守操作规程。

3. 正确使用劳动防护用品。针对职业危害因素正确使用相关的劳动防护用品，并及时更换报废。

4. 定期进行健康检查。知晓、掌握自身的健康状况。

5. 养成良好的个人卫生和生活习惯。人的健康与个人卫生和生活习惯密切相关，养成良好的生活习惯的人的生活质量会比较高。

NO.365　防止手损伤导致职业中毒

1. 工作期间要防止有毒物质跑、冒、滴、漏。

2. 接触有毒物品时穿好防护服，戴好防护手套，必要时涂抹防护膏。

3. 接触有毒物品后务必尽快清洗掉黏附于手上的有毒物质。

4. 接触过含铅的有毒物质，将手洗干净后，放在醋酸溶液或食醋中浸泡2~3分钟。

5. 接触硝胺炸药后用亚硫酸钠洗手，洗完后再用显色剂鉴定一下，如果显色剂滴到皮肤上呈紫色，说明没洗干净，要再洗。

6. 被苯胺沾染的手，可用75%医生酒精和温肥皂水清洗。

7. 接触汞者作业后要用1/5000的高锰酸钾溶液清洗。

NO.366 高温作业人员需要补充的营养

1. 矿物质。高温环境下人体大量出汗，带走了许多矿物质，其中最主要的有钠、钾、钙、镁和铁等，需要及时补充这些矿物质营养元素。

2. 蛋白质。高温作业人员饮食中的蛋白质应有50%来自鱼、肉、蛋、奶和豆类食品。

3. 维生素。汗液和尿液排出的水溶性维生素较多，主要是维生素C，其次是维生素B族和维生素A。

4. 热量。在高温环境中从事各种强体力劳动时，身体对热量需求比一般环境下要增加10%～40%。

NO.367 什么是生产性毒物?

生产性毒物（Productive toxicant），指在生产中使用、接触的能使人体器官组织机能或形态发生异常改变而引起暂时性或永久性病理变化的物质。生产性毒物有以下几种类型：

1. 金属及类金属毒物。如铅、汞、锰、镀、铬、砷、磷。

2. 刺激性和窒息性毒物。如氯、氨、氮氧化物、一氧化碳、氰化氢、硫化氢。

3. 有机溶剂。如苯、甲苯、汽油、四氯化碳。

4. 苯的氨基和硝基化合物。如苯胺、三硝基甲苯。

5. 高分子化合物。如塑料、合成橡胶、合成纤维、黏合剂、离子交换树脂。

6. 农药。如杀虫剂、除草剂、植物生长调节剂、灭鼠剂。

NO.368 油漆对相关作业人员的危害

1. 抑制神经系统的传导冲动功能，产生麻醉，引起神经系统障碍或引起神经炎等。

2. 损伤肝脏机能，引起恶心、呕吐、发烧、黄疸炎及中毒性肝炎。

3. 使肾脏受害，诱发肾炎及其他肾病。

4. 对造血系统造成破坏，引发贫血现象。

5. 对黏膜及皮肤刺激，使鼻黏膜出血，喉头发炎，嗅觉丧失或因皮肤敏感发生红肿、发痒、红斑及坏疽病等。

NO.369 爆破作业注意事项

1. 爆破材料在使用前必须检验，不符合技术标准的爆破材料不得使用。

2. 地下开挖禁止使用黑火药；利用电雷管起爆的作业区、加工房及接近起爆电源线路的任何人，均不得携带不绝缘的手电筒。

3. 严禁将爆破器材放在危险地点或机械设备、电源、火源附近；没有可靠的撤离条件时，严禁使用火花起爆。

4. 同一地点，露天浅孔爆破不得与深孔、洞室大爆破同时进行。

5. 如发现有瞎炮，设置明显标志，及时按规定妥善处理。

NO.370 夜班工作者如何保健

1. 保证足够的营养摄入，不宜吃太饱，一般八分饱即可。

2. 多运动，多锻炼，保持精力充沛。

3. 白天一定要休息好，睡前不喝酒，不抽烟，不喝咖啡或浓茶。

4. 上夜班要有规律，只要慢慢适应了，身体就能够自我调节到理想状态。

NO.371　空气中的有害物质分类

有些工作场所的空气中含有毒有害物质，以下是其大致的分类。

1. 常温下即为气态。如氨、氯、二氧化氮、臭氧。

2. 常温下为液体或固体，挥发性强，在空气中以蒸气形式存在。如苯、甲苯、二甲苯、丙酮、醋酸乙酯、酚、汞。

3. 由不完全燃烧等生成的气体凝缩后生成的固体微粒，浮游于空气中，如铅烟、锰烟、氧化锌、氯化铵。

4. 粉碎、切割、钻孔、研磨等生产过程中产生的，飞散到空气中的粉尘或浮游状物质，如颜料、滑石粉。

5. 液体物质的蒸气遇冷凝聚成的小液滴，或液体经喷雾分散成的微小液滴，分散于空气中，如硫酸、铬酸、氢氧化纳。

NO.372　办公室安全须知

1. 不在座位的时候，不要把手提包或钱包放在桌面上。

2. 现金存放在安全的地方。

3. 保管好钥匙。

4. 无人时及时锁好办公室。

5. 如果单独在办公室加班，要让其他人知道。

6. 不要把在办公室闲逛的陌生人当成同事。

7. 未经许可，任何人都不能搬移办公设备。

8. 不要让访客单独留在办公室。

9. 注意妥善保管机密文件。

10. 不要对陌生人透漏任何机密信息。

NO.373 职场防性骚扰

职场性骚扰是职场不可回避的一大问题。许多劳动者，特别是初入职场的女性，可能遭受职场中的性骚扰。面对好色的同事，尤其是上司，人们总是左右为难，一方面需要顾及自己的名誉和人际关系，另一方面要考虑到对工作的影响和以后的合作，况且，由于取证极困难，人们很难公开指责，更别说付诸法律行动。因此，提高自己的警戒防范意识是十分必要的。以下是防范职场性骚扰的6条建议。

1. 注重个人形象营造和隐私维护。在办公室里，职场女性不宜穿着过于暴露，在平时职场社交时坦诚自身的原则和态度。对于不熟识的同事和领导，不要过多透露自己的私密信息，如是否有男朋友、女朋友，是否独居。

2. 避免独处。不要轻易和异性，尤其是上司单独过长时间待在办公室，对于无缘无故的酒会或者宴会的邀约要持谨慎态度。

3. 妙拒骚扰。面对一些口头性骚扰，可以以巧妙的方式来拒绝，例如表明自己已有男友、女友；面对肢体性骚扰，可以在保证自己安全的情况下，巧妙拒绝，如有人在拥挤的电梯中伸出"咸猪手"，可面对骚扰者大声做干呕状。

4. 收集证据。对于一些纠缠不休或较强硬的骚扰者，可在私底下搜集其骚扰证据，如录下其挑逗言语等，一方面可以以此来警告、要挟对方，要求对方收敛言行，另一方面也便于日后付诸法律援助，保护自己的利益。

5. 寻求援手。一般情况下，性骚扰者不会只有一个目标，但诸多同事碍于自己的面子和事业，都选择忍受屈辱而不愿求助。可以慢慢观察，联系受骚扰的其他同事，互相照应，联合对抗。

6. 反抗检举。如果骚扰者行为恶劣、屡斥不改，可适当用暴力行为来制止对方的性骚扰，并加以语言威吓。再收集资料，果断向上级部门，甚至法律机关进行检举揭发。

NO.374 登高作业"十不准"

1. 患有高血压、心脏病、贫血、癫痫、深度近视眼等疾病的人不准登高作业。

2. 无人监护不准登高作业。

3. 不戴安全帽、不系安全带、不扎紧裤管不准登高作业。

4. 作业现场有六级以上大风及暴雨、大雪、大雾时不准登高作业。

5. 脚手架、跳板不牢固不准登高作业。

6. 梯子无防滑措施、作业人员未穿防滑鞋不准登高作业。

7. 不准攀爬井架、龙门架、脚手架。

8. 携带笨重物件时不准登高作业。

9. 高压线旁无遮拦不准登高作业。

10. 光线不足不准登高作业。

NO.375　树立六大安全生产观念

1. 安全第一的哲学观。在企业生产经营活动中，安全工作必须放在第一位。

2. 预防为主的科学观。仅凭人的经验自我感觉的"安全"是不可靠的。

3. 安全就是效益的经济观。安全可以降低成本，提高职员的生产率。

4. 以人为本的情感观。关心职员的工作生活就是关心企业的发展。

5. 安全管理的基础观。科学、先进的安全管理体系会给企业和社会创造无法估量的价值。

6. 安全教育的优先观。安全素质和专业水平，将决定企业的命运。

NO.376　安全生产"四不伤害"

1. 不伤害自己。提高自我保护意识，不能由于自己的疏忽、失误而使自己受到伤害。

2. 不伤害他人。生命都很宝贵，不伤害他人是我们应尽的义务。

3. 不被他人伤害。加强自我防范意识，避免他人的错误操作或其他隐患对自己造成伤害。

4. 保护他人不受伤害。时刻牢记安全第一，自我保护的同时，尽可能保护他人的安全。

NO.377 安全生产"三宝": 安全帽、安全带、安全网

1. 安全帽。用来保护使用者的头部，每顶安全帽上都有三项永久性标志。

2. 安全带。用于防止人体坠落的防护用品，施工现场只要有一个人不按规定佩戴安全带，就会存在坠落的隐患。

3. 安全网。用来防止落物和减少污染，亦可减轻人员不慎坠落造成的损伤。

NO.378 安全带使用"八不准"

1. 不准挂在仪控管线、消防管线、窗框、锈蚀支架等承重力不佳的部件上。

2. 不准挂在脚手架管口。

3. 不准挂在踢脚板上，大钩不闭合。

4. 挂钩不准交叉悬挂。

5. 不准反挂系绳。

6. 不准低挂高用。

7. 小钩不准不旋紧。

8. 不准挂在手拉葫芦的链条、小钩上。

NO.379 危险化学品储存场所安全须知

在许多职业中，都会接触到危险化学品，妥善储存危险化学品事关相关行业的人员、财产安全，防止危险化学品事故的关键在于科学储存、防热降温。以下为六点安全建议。

1. 要有合格的危险化学品仓库。

2. 危险化学品要分类存放。

3. 要严格控制储存场所的温度。

4. 对露天堆场和贮罐采取降温措施。

5. 应安装防雷设施。

6. 由专业人员严格管理。

NO.380　安全标签保化学品安全流通

化学品安全标签内容须包括9个方面。

1. 化学品和其主要有害组分标识。

2. 警示词。

3. 危险性概述。

4. 安全措施。

5. 消防信息。

6. 生产批号。

7. 提示向生产销售企业索取安全技术说明书。

8. 生产企业名称、地址、邮编、电话。

9. 应急咨询电话。

NO.381　容易引起爆炸的粉尘有哪些

粉尘如果在密闭的空间内达到一定浓度，一旦遇到明火或静电摩擦，就会起火燃烧并爆炸。因此，面粉厂、化工厂、煤矿等都是严禁烟火的。容易引起爆炸的粉尘有以下几类：

金属粉尘：铝、镁、铁、锰、硅、钛、锌等。

食物粉尘：糖、面粉、玉米粉、淀粉、奶粉等。

矿物粉尘：煤粉、硫磺粉等。

其他粉尘：木粉、棉粉、塑料粉尘以及各种化学粉尘。

NO.382　办公室防摔小知识

1. 进门前、进入过道前确认路上是否有障碍物。
2. 拖地时不要留下积水，浇花时不要溢出水。
3. 去茶水间、上卫生间、上台阶时确认地面是否有水。
4. 日常尽量穿防滑的鞋子。

NO.383　办公室潜伏"杀手"（一）：小文具

办公室一般都有切边刀、裁纸刀等刀具，如果使用不当，有可能割伤、刺伤人。除此之外，一些不起眼的小文具如图钉、钉书钉、大头针、曲别针等，不用时应统一装在文具桶中，用完后不要随意撒落在桌面上、地上，以防手脚被意外扎伤。

NO.384　办公室潜伏"杀手"（二）：复印纸

复印纸看似柔软，可以任意弯曲和折叠，不过，在跟纸面平行的方向上，纸的边缘还是相当有韧性的，想让它向纸面内弯折，得用不小的力气。这样一来，纸片边缘就可以对手指施加一定的压力，再加上纸片够薄、接触面够小，压力在手指上便产生了很大的压强，被复印纸割破手指也就不足为奇了。

NO.385　办公室潜伏"杀手"（三）：桌子

在两张办公桌中间，或工作位进出口旁边放着桌子，总有些人路过时会不小心腰碰到桌角。常发生这样的事，是因为人的本能总是想抄近路。因此，在布置办公室时要充分考虑人的这个"毛病"，摆放桌子时，距离要留足，一般至少要间隔60厘米。

NO.386　办公室潜伏"杀手"（四）：低音噪声

办公室噪声主要来源于电脑主机、传真机和空调机的送风声，音量不是很大，但污染不可忽视。多种声音组合起来对人体会产生没有规律的刺激，时间长了会对心脏有损害。

建议长时间在办公室工作的人戴上耳套，工作一段时间后一定要起身到户外稍活动一下。

NO.387　"过劳死"的职场误区（一）：值得加班

事实上，很多人玩命工作并非为了创造价值，而是满足"我很勤奋"所带来的心里暗示，想要借此赢得更多的赞许。

其实长时间加班已经让人神经阻塞，信息传达不通畅，脑袋转不动，思维不够清晰严谨，更容易使人在冲动之下或盲目地做出决定，造成失误。

NO.388　"过劳死"的职场误区（二）：不把工作带回家

可以不把工作带回家，但很难不把工作情绪带回家。工作过于劳累、不顺，很容易产生负面情绪，回家后难免把负面情绪投射到家人身上，事实上，您想抱怨的是客户、老板或同事。这样，您回过头来还要处理被自己搞坏的家庭氛围，得不偿失。

NO.389 "过劳死"的职场误区（三）：放飞自我

放飞自我确实是抗"过劳死"的方法，但只能起到止疼片的作用，而且只能暂时对抗疲劳，还会引发其他压力。更健康的抗过劳方法比如闷头睡一觉，人在紧张亢奋之后需要缓慢的过程才能进入休息期，更宜采用平缓的方式，而非剧烈且具有刺激性的活动。

NO.390 摆脱工作压力的几个方法

1. 将工作留在办公室。即使迫不得已，每周在家里工作也不要超过两个晚上。

2. 提前为下班做准备。下班两个小时前整理工作清单，减少工作之余的担心。

3. 在住所门口放个杂物盒。走进家门后立即将公文包放到里面，第二天出门之前绝不碰。

4. 将工作困难写下来。一口气将所遇到的困难或是不愉快写下来，然后把那张纸撕下扔掉。

5. 创立某种"仪式"。以它为界将每天的工作和家庭生活分开。

6. 将家里收拾整洁。回到整洁幽雅的家，人会感到舒适放松，工作上的压力会随之抛诸脑后。

NO.391 办公室常见污染及污染源

1. 甲醛、二氯苯、甲苯等：产生于办公室装修和家具及纸张。

2. 臭氧：产生于复印机、打印机和电脑。

3. 粉尘：产生于复印机和空调。

4. 多种挥发性有机化合物及氨等刺激性气体：产生于一些清洁剂。

NO.392　经常对电脑后护眼的误区

1. 眼睛累了才需要休息。其实眼睛的疲劳是积累起来的，等感觉到累的时候眼睛其实已经受到伤害了。

2. 液晶显示器和笔记本电脑无须护眼。其实眼睛的阅读负担是一样的，视觉疲劳并没有减弱。

3. 视保屏能保护视力。如果使用劣质的视保屏，不但不能保护视力，还会伤害视力。

4. 点眼药水很安全。常用的眼药水中含有防腐剂、激素、抗生素，长期使用反而对眼睛有损害。

5. 近视用电脑必须戴眼镜。其实戴错眼镜会给眼睛增加负担，更容易让眼睛疲劳。

6. 电脑照明用灯放在侧面。灯光从侧面照射屏幕时，容易从屏幕反射强光进入眼睛，会对人的视力有一定伤害。

NO.393　缓解眼部疲劳小窍门

1. 电脑屏幕的亮度一定要柔和，不能太强烈，否则容易造成眼部疲劳。

2. 用电脑长时间工作一段时间后，要把眼睛移开屏幕10~15分钟。

3. 用水浸泡药用小米草或母菊花，放至水温适宜时，将毛巾浸湿，敷于眼部10~15分钟。

4. 经常眨眼，因为眨眼是对眼部的天然按摩。

NO.394　哪些属于高温作业

我国制定的高温作业分级标准规定：工业企业和服务行业工作地点具有生产性热源，其气温等于或高于本地区夏季室外通风设计计算温度2摄氏度的作业，都列为高温作业。高温作业按气象条件一般可分为高温强热辐射作业、高温高湿作业、夏季露天作业等三大类。

NO.395　高温作业为什么会中暑

中暑的发生与高温作业人员的劳动强度、时间及身体状况等因素有关。空气湿度大、汗不易蒸发，使体内热量蓄积过多，或者气温超过34℃，同时存在强烈的热辐射、风速又小时，更容易使人中暑。

中暑的初期症状是头晕、眼花、耳鸣、心慌、乏力；严重的体温会急速升高，出现突然晕倒或肌肉痉挛等现象。

NO.396　高温作业怎样预防中暑

1. 合理布置热源，把热源放置在车间外面或远离工人操作的地点。

2. 正确使用劳保防护用品。

3. 加强通风换气，加速空气对流，降低环境温度。

4. 调整工作时间，尽可能避开酷热的中午，相应延长午休时间。

5. 加强个人保健，及时摄取足够的含盐的清凉饮料，但不要暴饮。

6. 大量出汗后，不要在大风量风扇前久吹或马上用冷水冲洗。

7. 在密闭设备或狭小房间内作业时，要有其他人监护。

NO.397　高温作业中暑处理方法

发现中暑病人后，首先应使患者脱离高温作业环境，移到通风良好的阴凉地方休息，解开衣服，给予其含盐的清凉饮料。如患者有头昏、恶心、呕吐或腹泻，可服用中药霍香正气液。如患者发生呼吸、循环衰竭，应及时就医，可给予葡萄糖生理盐水静脉滴注，并注射呼吸和循环中枢兴奋剂。

NO.398　为什么供应给高温作业人员的清凉饮料中要加盐？

人在高温环境下劳动，人体为了散热常常大量出汗，丧失了大量水分和盐分，其中盐分主要是钠盐和部分钾盐。普通高温作业人员劳动8小时出汗4~8升，损失盐分15~20克。所以，高温作业人员既要及时补充水分，也要及时补充盐分，才能维持机体正常功能，这就是清凉饮料要加盐的原因。通常可按含盐量0.1%~0.2%来配制清凉饮料。

NO.399　四种常见教师职业病

1. 慢性咽炎。教师由于长期用嗓，容易使咽喉部组织疲劳受损而发病。主要症状为咽部有明显异物感，出现充血、疼痛、多痰等症状。

2. 痔疮。长时间伏案工作使臀部产生局部高温和麻木，日久导致下肢静脉和直肠下部静脉曲张。

3. 支气管炎。粉笔粉尘会侵袭呼吸道，刺激支气管黏膜，引起支气管非特异性炎症。

4. 颈椎、脊椎病。长期伏案工作，使颈后肌肉韧带易受牵拉劳损，椎体前缘相互磨损、增生；脊椎肌肉也因循环欠佳而出现痉挛现象。

NO.400　教师职业病防治方法

1. 防治慢性咽炎。在日常生活中要戒烟酒，可常饮绿茶、菊花茶，食用蛋类、萝卜、丝瓜、绿豆、莲藕、香蕉、梨等。

2. 防治痔疮。关键在于平时加强运动，在批改作业和备课时，应每隔两小时进行一次约10分钟的运动；每天坚持温水坐浴，对预防痔疮有良好的效果。

3. 防治支气管炎。日常生活中要加强自我调理，饮食宜清淡，少食刺激性及油炸食品。

4. 防治颈椎、脊椎病。尽可能保持自然的端坐位；长时间近距离视物后，应注意抬头向远处眺望一会儿。

五、出行安全常识

NO.401　街头骗局（一）：扫二维码送礼品

　　有些骗子就是利用人爱贪小便宜的心理，在街头扫微信二维码送纸巾或自拍杆。其实，这个二维码隐藏了木马程序，扫过之后就在人毫无察觉之下安装进手机了，木马程序会窃取扫码人手机里的银行卡信息以及其他私人信息，导致个人的钱财被骗。

NO.402　街头骗局（二）："献爱心"

　　街头常见有打扮成学生模样的人以钱包丢失等原因博取别人的同情，换取小额的饭费、乘车费之类的情形。这些人一般是社会无业人员或一些团伙集体作案，虽不排除真有求助的情况，但大部分都是假的，发善心时要注意辨别。

NO.403　街头骗局（三）：分钱

　　在路上行走的时候，如果看到前面有人掉下一沓钱，被另外的人捡到并找您分钱时，千万不要蹚浑水。

其实丢钱的和捡钱的是一伙的，而捡到的那些钱其实是一堆假钱，如果您答应跟"捡钱者"分了"钱"，"丢钱者"马上折返，要求您"还钱"。

NO.404　街头骗局（四）：假古董

骗子伪装成建筑工人或者农民在街头叫卖"古董"，谎称是工地施工或在自家后院刚挖出来的"宝贝"，引诱受害人上当。其实骗子所卖的可能是仅值几十元的工艺品，建议古玩爱好者购买古董还是到正规专业的古玩市场。

NO.405　街头骗局（五）：象棋残局

骗子通常选择人流量大、易逃散的公共场所设棋局，打着"押多少赢多少"的旗号蛊惑人心。同时骗子的同伙在棋摊前来回转悠，引诱路过的象棋爱好者入局。

其实这些"残局"都是骗子精心挑选的，大都出自一些古棋谱，结果看似会和棋，容易取胜，却暗藏玄机。平常人不留神只要走错一步，就必输无疑。

NO.406　街头骗局（六）：无人认领的快递

骗子摆摊叫卖"无人认领的快递"，谎称都是淘宝商品，因找不到收件人，一个快递盒只收取10元快递费，至于盒子里有什么，就看个人运气了。受害人如果经不起诱惑"试试手气"，就会发现盒子里基本都是廉价的小玩意。如果留个心眼仔细观察，还会发现这些快递包装统一，贴有统一的胶带，但盒子上却大都没有粘贴快递单。

NO.407　街头骗局（七）：充值优惠

骗子在街头摆摊卖"手机集团用户充值卡"，告知市民一般不对外销售，移动、联通都能充，优惠幅度巨大。受害人如果"充值"，就会收到一条短信，被告知"您已成功充值"。但如果拨打官方客服电话，就会发现，手机账户里的钱其实一分钱都没涨。

NO.408　街头骗局（八）：全免费美容体验

骗子伪装成美容店客服跟路上行人搭话，声称邀请顾客体验免费美容项目，只需要十几分钟，请顾客体验后帮忙宣传，或告知体验感受有助其改善。但实际上，"免费美容"不过是个幌子，只要顾客进店，就会被下套要求进行大额消费。

NO.409　非机动车防盗指南

1. 无论外出还是回家，都把车停放到停车棚或有人看管的停放点。

2. 配备坚固结实的锁具，最好是一车双锁。

3. 不得已停放在无人看管的地方，尽量选择视线开阔的地点。

4. 在显著位置和主要部件上涂上专门的色彩或做难以抹去的记号。

5. 不贪便宜购买来路不明的二手车。

NO.410　机动车防盗指南

1. 慎重选择停放点，最好停放在有专人看管的停车处。

2. 夜晚将车停放在专门的停车场和车库内。

3. 养成离车上锁、带走钥匙的习惯。

4. 保证锁具完好，有条件的可在车辆上安装防盗装置或小型报警器。

NO.411　察言观色识别扒手

1. 看神色。扒手选准目标后，一般要环顾四周，因其精神比较紧张，往往有两眼发直、发呆、脸色时红时白等现象。

2. 观举止。扒手往往在人群中窜动，乘人拥挤或车上人多晃动的机会用胳膊和手背试探。

3. 听语言。扒手之间为了方便联络，常常会使用一些黑话、隐语。

4. 看动作。扒手利用他人或同伙作掩护，或用自己的胳膊、提包、衣服、书报等为掩护遮住被窃对象的视线，实施作案。

NO.412　三招防"碰瓷"

1. 遵章守法驾车。司机驾车时一定要遵章守法，精力集中，不要有交通违章行为，以防授人以柄。

2. 开车前多检查。这是一个好习惯，能了解车况（车身是否又被刮花、轮胎是否缺气等），及时排除一些障碍物。

3. 安装行车记录仪。行车记录仪会记录下行车时的周围情况，遇到"碰瓷"时，这就是证明自身清白的最大证据。

NO.413 遇到"碰瓷"怎么办

1. 及时报警求助。"碰瓷"者往往会利用司机遇事怕麻烦的心理借机敲诈,所以一定果断报警,交由警察处理。

2. 冷静应对"观众"。"碰瓷"往往是多团伙作案,司机要以好的心态争取围观群众,取得更有利的局面。

3. 伤者应送医院检查。司机可提出先和伤者去医院检查,争取多收集证据材料,避免或减少自己的损失。

NO.414 列车旅客防盗指南

1. 售票厅内勿掏现金。买车票前先准备好票钱,千万不要在售票大厅内急匆匆取钱和放钱。

2. 上车勿在门口拥挤。遇到人多要排队等候,勿参与拥挤,避免财产受到损失。

3. 车厢内勿挂贵重物品。如果衣物口袋中装有钱或贵重物品,千万不要将其挂在衣帽钩上。

4. 乘车勿随便与陌生人聊天。上车后尽量不要与陌生人说话,谨防攀亲结友式作案。

5. 夜晚困乏时轮流睡。乘坐火车前应休息半天,最好有同伴同行,便于轮流休息。

6. 到站前20分钟最要警惕。提前收拾好自己的行李物品,加倍警惕不法分子趁人多时顺手牵羊。

NO.415 公交乘客防盗指南

1. 投币后要尽快往车厢里走,不要在车门、车前部逗留。因为车门、车前部往往是小偷最喜爱待的地方(方便得手之后下车）。

2. 随身携带的包包放在自己视线所及之处。背包最好背在胸前；挎包、单肩包也尽量往身前靠，最好用手压住。

3. 钱和贵重物品不要放在外衣兜。

4. 坐公交车时不要打瞌睡，保持清醒，并留意靠近您的人。

NO.416　过马路时，莫把红绿灯当儿戏

1. 红灯亮时不能过马路；绿灯亮时，也要看清左右确实没有车来才可以过马路；如果马路过了一半时信号灯变了，要赶快通过。

2. 有时红灯亮的时候汽车还在离路口很远的地方，这时也不能过马路。

3. 路口不止有一个信号灯时，一般行人应该看的是穿过马路对面的那盏信号灯。

NO.417　倒车时"看不见"的隐患

1. 看不见机动车后风挡以下部分。如果无雷达等辅助设备，司机完全看不见这块区域。

2. 看不见贴近车两侧的区域。打方向的时候，轮胎滑动的弧线可能会超过之前预期的范围。

3. 看不见身右侧靠后的区域。这是距离司机最远的区域，也是最难观察的区域。

4. 看不见车头的两个角。如果打了方向，车头经过的区域要比车身占用的面积大得多。

NO.418　正确的倒车方法

1. 绕车查看或找人指挥。如果有条件，让车里的乘客或外面的人在车外帮忙指挥一下。

2. 设备只能做参考，全方位观察是关键。全景摄像技术已经出现在高档车型上，基本上解决了盲区问题，希望尽快普及到各级别的车型上。

3. 倒车时也要关注车头情况。眼观六路耳听八方的本领司机一定要有。

NO.419　安全使用安全气囊

1. 启动车辆前，仪表台上的SRS警告灯如果一直闪烁，则表明安全气囊系统存在故障。

2. 安全气囊在弹出的瞬间力量很大，所以不要在安全气囊的前方或附近放置任何物品。

3. 并不是车一碰撞安全气囊就会打开，如侧撞或追尾，司机位置的安全气囊是不会打开的。

4. 安全气囊并不能保护幼小的儿童，反而可能会加重伤害。

5. 三点式安全带相对更安全，而气囊只能起到辅助保护作用。

NO.420　正确系扣安全带保安全

1. 经常检查安全带的技术状态，如有损坏应立即更换。

2. 正确使用安全带。三点式腰部安全带系在髋部；肩部安全带放在胳膊下面，斜挎在胸前。

3. 不要让安全带压在坚硬易碎的物体上，如口袋内装的手机、眼镜、钢笔。

4. 不要让座椅背过于倾斜，否则会影响安全带使用效果。

5. 安全带的扣带一定要扣好，要防止受外力时脱落而不能起到保护作用。

NO.421 亲子踏青安全指引

1. 眼睛看得到，安全才可靠。孩子一定要保证时刻在视线范围内。

2. 人多不去凑热闹，不要随便和陌生人搭话。

3. 管好孩子的嘴。吃东西的时候要注意卫生，不随便购买食用路边摊上的食物。

4. 必备物品要带好。食品、休息垫、饮用水等必用品要提前准备好。

5. 危险地方不要去。如施工现场、井盖附近、坡度比较陡的河边或水塘边等。

6. 应急处理要牢记。遇到紧急情况不要慌乱，可及时报警求助。

NO.422 春运安全出行提醒（一）： 提前准备，尽早出门

春运期间客流量大，在实名制验票窗口和安检区域都要耗费时间，且春运期间实名制验票力度大，进站验票时间会比平时增加。

为避免耽误行程，建议合理安排时间，至少提前1小时进站候车，并尽量使用二代身份证验票。

NO.423　春运安全出行提醒（二）：
明确规定，禁品勿带

了解最新修订的《铁路进站乘车禁止和限制携带物品目录》，不要违规携带禁止和限制携带的物品进站乘车。对违规携带的，将依照国家法律法规进行处理。

此外，动物活体不可以带上车，但导盲犬除外。

NO.424　春运安全出行提醒（三）：
进站候车，管好财物

火车站、汽车站是人员密集的场所，要将财物贴身保管，将行李物品放在自己的视线范围内，不要交给陌生人看管。

许多人会在候车过程中消磨时间玩手机，但玩手机时别太"专注"，得看紧财物和行李，以免被别有用心的人有机可乘，顺手牵羊。

NO.425　春运安全出行提醒（四）：
检票进站，不要拥挤

车站检票口人多拥挤，有些人一心想早点进站乘车，一时容易忽略自己口袋里的钱包和手机以及身后的背包。

检票时要自觉排队，依次进站，手机、钱包等贵重物品不要放在衣服外侧口袋，行李背包最好放在胸前，以防不法分子混在人群中偷窃。

NO.426　春运安全出行提醒（五）：
乘坐火车，财物看好

许多人上车后，习惯性地把外套或小包搭放在座位上或者挂在衣帽钩上，这是很危险的。钱包、手机等贵重物品要贴身放好，防止被不法分子趁机偷走。

夜间列车到站前是盗窃的高发时段，此时应提高警惕，及时检查携带的行李物品。

NO.427　汽车涉水时安全驾驶技巧

1. 驾车涉水时应用低速挡，使汽车平稳地驶入水中，以免水花溅入发动机。

2. 保持车速平稳，中途不换挡、不停车、不急打方向。

3. 如发生车轮打滑空转，立即停车，不要熄火，果断组织人力或请求其他车辆协助驶出。

4. 多车涉水时，应待前车上岸后，后车才可开始涉水。

5. 涉水后尽快恢复制动性，用低速挡行驶，并连续轻踏制动踏板。

NO.428　走夜路被尾随怎么办？

1. 保持冷静，尽量往人多的地方走，看到人后可大声呼救。

2. 尽快报警，并给家人打电话，切不要一时冲动上前质问尾随者。

3. 可以走进大型商场或者就近的某个单位，寻求保安的帮助。

4. 记住尾随者的体貌特征，以便警察找到该人以确定其尾随的目的，解决隐患。

5. 在人少的地方时要快速向有人的地方跑，随后报警。

NO.429　坐飞机其实很安全

飞行事故档案局的数据显示，2017年全球只有111起民航飞行事故和13人死亡，每百万次飞行只会发生2次坠毁；以时间计算，每100万小时才平均有12.25人死于航空事故。而汽车每百万人的死亡率在100人左右，每年因航空事故死亡的人数要远远低于死于交通事故的人数。这意味着飞机是比较安全的交通出行方式，大可没有必要对飞行恐惧。

NO.430　登机前要做的安全准备

1. 尽量不穿T恤、短裤和凉鞋，以免遇突发事件时被玻璃、金属划伤。

2. 最好穿长袖上衣和长裤，一旦起火，可以提供更好的保护。

3. 不要随身携带铅笔、圆珠笔等，这些物品在飞机受到冲击时可能成为致命的凶器。

4. 要注意自己的行李不被陌生人加入危险品，发生异常情况立即报警。

NO.431　飞机遇险哪个座位生存率最高？

飞行遇险时能否幸存，主要取决于飞机最初的冲击力和机上人员的疏散速度。不过，在某种程度上，选择某些座位也能提高幸存率。

离紧急出口最近的那一排座位的逃生率最高，为65%；挨着过道为64%，靠窗为58%；后面第2~5排为53%，其余的座位逃生率则相对较低。

NO.432　自驾游安全常识

1. 出行前对车辆进行一次全面检测，确保车况良好才能上路。

2. 在高速公路上切忌超速驾驶。

3. 同行者中至少有两人开车，每人轮流驾驶两个小时，可保持体力和最佳行驶状态。

4. 不开夜车，尤其是在不熟悉路况的陌生环境；每天在开车前都要检查一下车况。

5. 返程前保证充足的睡眠，即使归心似箭也不要急躁，平安回家才最重要。

NO.433　户外运动的安全常识

1. 时刻要有危险意识。初入户外运动者必须认真对待，要从学会"害怕"开始尊重生命。

2. 储备个人体能和户外运动的知识、技能。户外活动中一旦遇到恶劣的环境，身体里的潜在病症可能会被激发出来，后果不堪设想。这时，良好的知识、体能、技能，是摆脱困境的基本保证。

3. 具备基本的、必要的救生和自救技能。户外运动，绝对不能仅凭一腔热情，一定要学习掌握一些安全技能。

4. 选择安全、专业的户外装备。为了保证自身安全，这方面经费一定不能吝惜。

5. 选择正规的户外运动团体。

NO.434　登山十大注意事项

1. 预先规划登山旅游路线，充分了解路况。

2. 了解自己的健康状况，随身携带应急药物。

3. 有高山反应及身体不适者，切勿勉强上山。

4. 轻装上山，少带杂物。

5. 注意气象预报，适时增减衣服。

6. 观景不走路，走路不观景。这是一条重要的户外旅行准则。

7. 避免去无人管理的山地。

8. 注意林区防火，不要吸烟。

9. 爱护自然环境，不任意丢弃垃圾。

10. 注意保管好随身钱物。

NO.435　登山安全指南

1. 不要随意抓身边的树藤和枝丫来借力前进。

2. 下山时要把身体重心放在脚后跟上，整个脚掌着地则很容易滑倒，脚步要减小，上体要稍微弯曲，这样可以降低重心。

3. 合理安排登山返程时间，要在天黑前下山，切勿赶夜路。

4. 带上指南针等必要的求生工具，保持通信畅通，不要独自一人攀登不熟悉的山地。

NO.436　哪些人不适合登山

1. 冠心病人。登山体力消耗较大，使人血液循环加快，以及心脏负担加重，易诱发心绞痛、心肌梗死。

2. 癫痫病人。登山途中一旦癫痫发作，便有生命危险。

3. 体质较差者，贫血者，孕妇或经期女性，眩晕症患者，内脏下垂者，高血压病人，肺气肿病人等。这些人登山时要特别小心，多做准备工作，注意及时休息，适可而止。

NO.437　旅游常备几种药

1. 感冒在旅途中非常常见，可随身带点板蓝根、VC银翘片；感冒可能引起咳嗽，还可备点止咳化痰药。

2. 晕车、晕船者带防晕药，如乘晕宁、舟车宁，一般于乘车、乘船前半小时服用。

3. 腹痛、腹泻也很常见，可备点黄连素等肠胃药。

4. 心、脑血管病患者，急救药不能少。

5. 如果是夏季出行或前往山区，还需要带清凉油、防蚊水、跌打膏等外用药。

NO.438　安全出行喝"对"水

1. 喝适量的淡盐水。喝一些淡盐水，可以补充由于人体大量排出的汗液带走的无机盐，也有助于防止电解质紊乱。

2. 喝水要次多量少。口渴时不能一次猛喝水，应分多次喝且饮用量少，以利于人体吸收。

3. 尽量避免喝温度过低的水。宜喝10℃左右的淡盐水，这样既可达到降温解渴的目的，又不伤肠胃，还能及时补充人体需要的盐分。

NO.439　夏季出行防中暑小贴士

1. 避免穿深色衣服。夏季出游尽量穿浅色衣服，因为浅色衣服散热快，黑色或蓝色等深色衣服散热慢。

2. 戴遮阳帽和墨镜。遮阳帽利于散热，对阳光辐射也有一定的遮挡作用；墨镜可有效保护眼睛，还可防止日晒晕眩。

3. 避免一次喝大量水，不喝或少喝冰镇饮料。

NO.440　防晕车注意事项

1. 保持精神放松，有意分散注意力。

2. 旅行前保证足够的睡眠。

3. 饮食上不宜过饥或过饱，不吃高蛋白和高脂食品。

4. 尽量坐与行驶方向一致的座位。

5. 头部适当固定，避免过度摆动。

6. 乘坐交通工具前半小时口服晕车药。

7. 尽量不看窗外快速移动的景物，最好闭目养神。

NO.441　做好准备再进入高原地带

1. 进入高原前，可向有高原生活经历的人咨询注意事项，做到心中有数，并避免无谓紧张。

2. 进入高原之前避免过于劳累，增强机体的抗缺氧能力；如有呼吸道感染，应待治愈后再进入高原。

3. 良好的心理素质是克服和战胜高原反应的灵丹妙药。

4. 进行严格的体格检查，严重贫血者或高血压病人切勿盲目进入高原。

NO.442 克服高原反应的几点建议

1. 刚到高原立刻卧床休息，不要剧烈运动。

2. 如果高原反应不是很严重，最好不要吸氧，以免形成依赖。

3. 多吃易消化的食品，多喝水；不要饮酒、吸烟。

4. 不要频繁洗浴，以免受凉引起感冒。感冒常常是急性高原肺水肿的主要诱因。

5. 一周后可逐渐增加活动量。

6. 如果高原反应越来越大，应该立即吸氧，并尽快到医院就诊。

7. 进入到新的海拔高度前，要有一两天的适应期，不要骤然进入海拔5000米以上的地区，以防突发不测。

NO.443 旅馆入住安全须知

1. 避免单独投宿环境复杂的小旅馆。

2. 要告知家人入住旅馆的名称、电话及留宿时间。

3. 察看安全门、安全通道，并检查紧急电话联络系统。

4. 注意门窗设施是否安全。

5. 有访客须经再三确认。

6. 外出时贵重物品一定要随身携带。

7. 不要卧床吸烟。

8. 一旦发生火灾，立即拨打火警电话，并与服务台、消防控制室联系。

NO.444　网友有风险，见面须谨慎

1. 自行前往见面地点，不要接受或要求对方到家里。

2. 约在白天，在人多、显眼的地方见面。

3. 不要轻易变更见面地点。

4. 最好能携伴一同前往，出发前告知家人并留下对方的名字和电话。

5. 随身只带零花钱，不要带银行卡和贵重物品。

6. 中途离开后就不要再喝眼前的饮料。

7. 谨慎判断对方的谈话内容并保持合理的怀疑。

8. 遇上第一次见面就想动手动脚的，马上果断结束这场约会。

NO.445　教孩子防拐（一）：直观说明"不可以"

比起告诉孩子人贩子多么坏，被拐的小孩多可怜，孩子更容易接受直观的"命令"："陌生人给你东西不可以拿""不可以和陌生人说话""陌生人说什么也不可以跟着他走"。

要跟孩子细细说明哪些可以做、哪些不能做。还可以随时对孩子提问一些相关问题，让他回答。遇到疑问及时纠正和沟通。

NO.446　教孩子防拐（二）：耐心引导"对或错"

可以把新闻上拐骗儿童的案例讲给孩子听，问问孩子自己是怎么想的，例如问孩子"你觉得对还是错""你要是那个孩子，你怎么办"，帮孩子进行具体分析。孩子有好的想法就马上表扬，孩子有不对的想法就顺势指出，再耐心解释、纠正。

NO.447　教孩子防拐（三）：模拟练习"骗小孩"

只有让孩子设身处地体验一下，才能检验出他抗拐骗的能力。而权威法和诱惑法是常用、有效的手段。

与孩子在家进行"坏人骗小孩"的模拟练习，或者在孩子不知情的情况下进行一次"小测试"（一次就可以了，物极必反）。

NO.448　看清诱骗儿童的三大套路

1. 假冒熟人诱惑法。骗子自称受了孩子家人的委托，利用"权威诱惑"骗取孩子的信任感。

2. 给予礼物利诱法。骗子用物质利诱，同时利用孩子的好奇心，最终达到实施拐骗孩子的目的。

3. 帮忙带路法。骗子利用孩子单纯、善良、乐于助人的心态，引诱孩子上当受骗。

NO.449　文明观看足球比赛

到了别的地区或国家，要讲文明，这既是个人素质的体现，也是所在团体素质的体现。文明观看比赛，参与活动、聚会也是尊重他人习惯，保护人身安全的法则之一。以下是文明观看足球比赛的规则（以此为例）。

1. 爱护公共设施，杜绝损坏公物，杜绝大声喧哗。

2. 理智对待输赢，不谩骂他人，以文明、平和的方式抒发自己的感情。

3. 球迷之间加强团结交流，不闹意气，不相互诋毁，不展示侮辱性标语、条幅等。

4. 远离足球流氓，以足球流氓为耻。

5. 以更多的审美精神去关注比赛，感受足球运动的魅力。

NO.450 安全乘坐索道

1. 乘坐索道前查看是否悬挂有质检总局颁发的"客运索道安全检验合格"标志。

2. 认真阅读索道入口处的乘客须知。

3. 进入站台后，听从服务人员的指挥，按顺序上车。

4. 进入吊椅后，坐稳扶住，不要擅自打开车门及安全防护栏。

5. 到站下车时，听从服务人员的指挥疏导，陆续下车，有序离开站台。

NO.451 铁路道口安全指南

1. 通过铁路道口，必须听从道口管理人员的指挥。

2. 车辆依次靠右停在停车线以外，没有停车线的，停在距最外的钢轨5米以外。

3. 两个红灯交替闪烁或红灯亮时，表示火车接近道口；白灯亮时，表示道口开通，准许通行。

4. 通过无人看守的道口时须停下观望，确认安全后方可通行。

5. 车辆在铁路道口停车等待通过时，要拉紧手闸制动，以防车辆溜滑。

6. 大货车载运超大型设备、构件时，应按当地铁路部门指定的道口、时间通过。

NO.452　野外防火要牢记

1. 不携带汽油、煤油、酒精、油漆、可燃气体、烟花爆竹等易燃易爆危险品进入山林。

2. 户外烧烤建炉灶时应选择避风和距水源较近的地方，并准备一桶水。

3. 点篝火或使用炉具时要派专人随时看管，使用完毕马上熄灭火源，再用沙土覆盖。

NO.453　副驾驶座应该谁来坐

1. 副驾驶有导航的职责。司机无法查阅地图时，这份工作就由副驾驶来担当。

2. 副驾驶有观察道路情况的职责。司机不能东张西望，副驾驶可以为司机及时提供路况信息。

3. 副驾驶有为驾驶员缓解开车途中身心疲劳的职责。副驾驶经常与司机对话，有助于减缓司机身心疲劳的速度。

NO.454　宝宝乘车"六不要"

1. 不要让孩子坐在前排座位。

2. 不要让孩子把身体探出车窗。

3. 不要让孩子独自留在车内。

4. 不要让孩子自行上下车。

5. 不要在车内放置过多的装饰品或玩具。

6. 不要让孩子在车内吃零食，以免遇到紧急刹车而造成窒息。

—— NO.455　正确使用儿童安全座椅 ——

1. 别用不了解使用情况的二手安全座椅。

2. 12岁以下的孩子都应该坐在后排座位。如果前座带有安全气囊，更不能让孩子坐。

3. 如果孩子坐别人的车，要确保车上有并能正确使用安全座椅。

4. 做出好的表率。家长不管是开车还是坐车，都要自觉系好安全带。

—— NO.456　冬季骑自行车注意事项 ——

1. 注意路滑。路况较为恶劣时，应改乘其他交通工具。

2. 正确防寒。注意多加点衣服。

3. 正确佩戴安全工具。骑自行车时必须佩戴安全头盔。

4. 本地交通情况较为恶劣时，减速行驶并注意避让。

5. 骑车前检查车况，确认车辆完好再骑走。

—— NO.457　爱车防刮擦的十个停车技巧 ——

1. 停在保安视线所及范围之内。

2. 露天停车远离阳台。

3. 不占用别人的车位。

4. 左车门靠近立柱。

5. 横向间隔至少60厘米。尽量远离当然是最好了。

6. 不在树下停车。

7. 节日期间车最好停在地下车库。

8. 勿盲目相信防撞杆。

9. 雨天不停车在低洼处。

10. 夜间临时停车应找开阔地。

NO.458　您注意到候车安全线了吗？

地铁、火车站台边缘一米处的位置有一条黄线，提醒人们一定要站在一米外等候。这一标准距离线，是根据列车进站时导致的最高气流速度设计的，避免人们因"伯努利原理"而产生的压力差被推到铁轨里。以醒目的黄色线来表示，是为了提醒人们随时注意这道安全距离线。

NO.459　出境游时护照丢失怎么办？

1. 第一时间到当地警察局挂失。一般当天即能拿到警察局证明。

2. 申请办理旅行证最快捷。一般需4个工作日；旅行证不等同于护照。

3. 回国补办护照。补贴原护照有效签证的需另外预约。

NO.460　出差人员安全指南

1. 按规定选乘合适的交通工具，在车上妥善保管好个人的财物。

2. 住正规的宾馆，并注意个人的人身和财产安全。

3. 保持良好的卫生环境，注意个人饮食的健康和卫生。

4. 在外工作时，务必要注意交通安全。

5. 在外工作期间，有任何问题应及时与公司和家人保持联系。

NO.461　旅游防骗指南（一）：
当心带货变"带毒"

贩毒团伙运输毒品的方式不断翻新，甚至以高报酬为诱饵招聘游客或者哄骗游客运输毒品。

游客应提高防范意识，警惕那些别有用心的人，不要随意帮陌生人托带、收寄不明物品，更不要铤而走险走上犯罪道路。

NO.462　旅游防骗指南（二）：当心出租车陷阱

一些出租车司机守候在机场以及大型宾馆酒店周围守株待兔，以花言巧语骗取游客的信任，以介绍住宿、地方风味餐馆等方式赚取高额的回扣。跟随这类出租车司机去吃饭和游玩风险很大，游客一旦发现上当受骗还可能投诉无门。

NO.463　旅游防骗指南（三）：当心"野马导游"

车站码头等旅客集散地聚集了大量身份不明的人，游客要谨防其中拉人去参加旅游的"野马导游"。这些人大都不具有合法的导游资格，但他们具有非常强的察言观色的本领，既能投其所好，又能言善辩，一旦得逞，便立即倒卖客源，转眼就消失找不到人了。

NO.464　旅游防骗指南（四）：
从出发地参团并不省钱

有的游客以为在出发地参团旅游，可以得到相对优惠的"旅游套餐"，实际上，正是这样的"旅游套餐"很可能有很大的欺骗性。游客要注意分析行程中的景点含量，外地组团游览的特点，就是行程中缺乏景点项目，需要不断加景点收费。游客如果不愿加点交费，旅途中很可能会处于尴尬被动的状况。

NO.465　露营注意事项

1. 近水。应靠近水源，但也不能在河滩上或是溪流边。

2. 背风。注意帐篷门不要迎着风向。

3. 远崖。不能在悬崖下面或悬崖边上露营。

4. 近村。近村也是近路，方便露营队伍的行动、转移。

5. 背阴。如果是在白天休息，就不会太热太闷。

6. 注意防兽防虫。

7. 防雷。雨季或多雷电区域，绝不能在高地上、高树下或比较孤立的平地上露营。

NO.466　"马路杀手"练成记

文明出行，珍爱生命，新手司机应注意杜绝以下行为，避免成为"马路杀手"。

1. 起步的时候忘记放手刹。

2. 变道的时候不看后视镜。

3. 强行超车、并道。

4. 过红绿灯的时候加速通过。

5. 不给别的车让路，开斗气车。

6. 在晚上行车时开远光灯。

NO.467　加油站禁止事项

1. 禁止烟火。加油过程中会有汽油挥发出来，遇到明火会引发爆炸。

2. 禁止使用手机拨打、接听电话。

3. 禁止车辆加油时不熄火。

4. 禁止超过规定速度进站、出站。各种车辆加油前必须慢速驶入加油站，加油后也应慢速驶出加油站。

5. 禁止拍打化纤类衣物，注意静电。

6. 禁止在加油站内检修车辆。

NO.468　火车上插座的使用范围

从2014年开始，我国铁路部门在火车上安装并开启了电源插座，为广大乘客带来了方便。火车上能提供的电源为AC220V交流插座，火车车厢里的电源插座仅限笔记本电脑、手机、平板电脑、剃须刀等小功率电器使用，严禁通过电源插板连接多台用电设备或直接使用大功率电器设备。

NO.469　私家车上逃生工具盘点

1. 安全锤。敲击玻璃上侧最易碎。如果车上没有安全锤，女性的高跟鞋也是很好的破窗工具。

2. 灭火器。放在副驾驶座位下固定好。要买干粉式灭火器，并且要牢记不能用水去灭火。

3. 多功能手电筒。危急时刻可用来割断安全带。

4. 迷你急救包。危急时刻能为挽救生命赢得宝贵的时间。

NO.470　开车谨慎听音乐

许多人认为，开车时听着节奏感强、音量高的音乐可以消除疲劳，有助于行车安全，其实不然。听刺激性音乐会使人开车时注意力不集中，声音过大往往会令人对车况产生误判，对驾车有明显的危害。

建议开车时选择听节奏舒缓、曲调轻快的音乐，音量也不宜过大。

NO.471　"药驾"有害须避免

1. 感冒药都含有镇静成分，容易使人出现头昏、嗜睡、无力等症状，吃完药后立即开车上路，稍有不慎极易造成交通事故。

2. 晕车药、抗过敏药、镇咳止痛药和降糖降压药等对人的神经系统都有抑制作用，服用上述药物后至少在4个小时之内都不宜开车，服用效用较强的药品则至少6个小时后才能再开车。

NO.472　女司机爱车内隐患（一）：驾驶座加坐垫

很多女性由于身材娇小，习惯在驾驶座位上垫一个坐垫。然而因为坐垫是活动的，容易造成驾车者身体不稳，当遇到突发情况紧急制动时，身体往前的惯性很容易使人从座椅上滑落，身体撞向方向盘而受伤。

NO.473　女司机爱车内隐患（二）：穿高跟鞋开车

女司机出事故，很多与开车穿错鞋有关。穿高跟鞋开车，控制刹车时没有着力点，甚至容易出现卡住制动踏板的情况，而且穿高跟鞋脚掌要前移，会比穿平底鞋慢很多，并且容易卡在油门和刹车中间。如果车距只有两到三米，那么一旦发生事故就是致命的。

建议喜欢穿高跟鞋的女性，平时在车里多放一双平底鞋。

NO.474　女司机爱车内隐患（三）：毛绒方向盘套

许多女司机出于卫生考虑或为了美观，会给方向盘套上一个毛绒方向盘套，使用一段时间后，其手感会变好，可是同时其摩擦力也会减小，遇到紧急情况时，方向盘的操控性无形中就变差了。

其实汽车方向盘一般都有一层皮革包裹着，用防霉抗菌剂就可以解决卫生问题，完全不用再套任何方向盘套。

NO.475　女司机爱车内隐患（四）：悬挂小玩偶

1. 小玩偶悬挂在前后风挡玻璃处，在行车过程中左右摇晃，容易阻挡或影响司机的视线。

2. 紧急刹车时，后座上方风挡玻璃前的玩偶，有飞向前方伤及司机的可能，在倒车时也容易影响司机的视线。

NO.476　车顶安装"呆萌"玩偶可能违法

追求个性的年轻人，有些会在私家车顶上安放些"呆萌"

可爱的玩偶——蜘蛛侠、蝙蝠侠、奥特曼。虽然很个性化，但存在很大的安全隐患。

交警提示：玩偶如果安装不够牢固，在高速路上行驶时可能会导致脱落，对周边和后面的车辆造成危害。同时，安装这些饰品会对汽车外观进行轻微改变，也属于违法行为。

NO.477　天气不好应果断放弃乘热气球

影响热气球飞行的最大因素就是天气。一般来说，热气球的最佳飞行时间是日出时和日落之前1~2小时，因为在这段时间气流、风速相对稳定。热气球飞行对风速的要求也比较高，普遍的风速标准在6米/秒以下，人体感觉风力轻微，如果风速过大，对安全飞行不利。旅游观光，要把安全放在第一位，当天气不适合热气球飞行时，最好放弃该项目。

NO.478　海钓切莫忘安全

1. 正确选择船舶。要选择租用有营运资格的船舶。

2. 穿上救生衣保安全。如果渔船只提供救生圈，那么出海前一定要确认它的存放位置，并提前租一件救生衣穿上以防万一。

3. 务必带好手机专用防水袋。

4. 关注海浪和天气变化。

5. 不要单独行动。如果是新手出钓，一定要有经验丰富的老钓友带队。

6. 高温下避免中暑。

7. 遇险后莫慌张，也切莫逞强。即使您有很好的游泳技术，也可能会被茫茫大海吞没。

8. 出海前准备一个哨子。遇意外求救时，哨声能传得更远。

NO.479　徒步旅行防磨脚

1. 鞋袜要合适，最好穿半新的胶鞋或布鞋，不要穿高跟硬底皮鞋，鞋垫要平整，袜子无破损、无皱褶，鞋内进砂粒应及时清除，并保持鞋袜干燥。

2. 徒步游览应循序渐进，先近后远，脚步要均匀，落地要稳，不宜时快时慢。

3. 临睡前要用热水洗脚，以促进局部血液循环，对足掌部位应用手加以按摩。

NO.480　旅游保险购买注意事项

1. 保险期限应与出游时间相匹配。

2. 选择好保障范围，综合考虑各方面因素，进行合理搭配。

3. 格外关注免责条款，明确是否在承保范围之内。

4. 一定要同时购买附加意外伤害医疗保险。

5. 选择保额时也可以个人年收入的5~7倍作为参考值。

6. 可选择特约承保。

7. 飞机保单第二天生效。

NO.481　旅游保险理赔注意事项

1. 在外地遇到意外事故时，要到当地二级及二级以上医院就诊；如果需要转院就医，切记要请初始医院出具书面的转院证明。

2. 在规定的期限内向保险公司报案；治疗结束后，及时将住院收据等材料送到保险公司办理索赔。

3. 对于资料齐全的简易案件，保险公司一般需要3~5个工作日理赔；一般案件需要10~15个工作日；情形复杂的或重大案件需要30~60天。

NO.482　春游"暗器"不得不防

1. 花粉。再美丽的花朵儿也应该"只用眼不用手"，尽量避免迎风而立，不要长时间在春风花丛中流连忘返。

2. 温差。体弱者不宜远足，不宜过劳；及时增减衣物，保暖防寒。

3. 劳累。游玩要适度，要根据自己的体力、精力量力而行，制订合适的旅游线路。

NO.483　哪些人不适宜坐飞机

1. 传染性疾病患者。

2. 精神病患者。

3. 心血管疾病患者。

4. 脑血管疾病患者。

5. 呼吸系统疾病如气胸、肺大泡患者，可能加重病情。

6. 做过胃肠手术的病人，一般在手术十天内不能乘坐飞机。消化道出血病人要在出血停止三周后才能乘坐飞机。

7. 血红蛋白量水平在每升50克以下的严重贫血者。

8. 耳鼻有急性渗出性炎症，以及近期做过中耳手术的病人。

9. 临近产期的孕妇。

NO.484　五招缓解乘机不适应

1. 及时补充水分，在飞机上最好每小时喝200毫升左右的水或饮料。

2. 吃些爽口的食品，这样可以减少旅途的紧张。

3. 不要穿过于紧身的衣服，双腿不要交叉，最好把鞋子脱掉将脚抬高。

4. 当飞机升降时，可以用嚼口香糖以保护耳朵。如耳朵不能自行恢复正常，则可采用咽鼓充气的方法。

5. 不要过于紧张，可偶尔站起身来稍稍活动一下。

NO.485　旅行"七忌"

1. 忌走马观花。旅行目的应是愉悦身心，增长见识。

2. 忌行李过多。过多的物品是旅行的累赘。

3. 忌惹事生非。旅行地始终不是自己的"地头"，遇事保持心态平和。

4. 忌分散活动。团队出游时切忌单独外出。

5. 忌钱人分离。多个心眼，小心为上。

6. 忌带太小的孩子。孩子若太小，会时刻需要大人的关照，影响旅行体验。

7. 忌不明地理。每新到一地，最好先买份当地地图。

NO.486　野外迷路巧辨方向

1. 找一个树桩观察，年轮宽面是南方。

2. 观察树，枝叶茂盛的是南侧，稀疏的则是北侧。

3. 观察蚂蚁的洞穴，洞口大都是朝南的。

4. 观察岩石，布满青苔的是北侧，干燥光秃的是南侧。

5. 看表，将现在的时间除以2，再把所得的商数对准太阳，表盘上12所指的方向就是北方。

NO.487　三招预防水土不服

1. 巧行装。服饰以宽松舒服为宜，强烈阳光下戴太阳镜，行李物品宁背勿提。

2. 慎饮食。自带新鲜食物，以刚饱为宜，出汗多时可在菜汤中多加点盐。

3. 防晕车。晕车的人旅行前莫限食，应照样进食，旅行时将腰带勒紧一些并保持愉快的情绪，多注意远方目标。

NO.488　郊游忌乱吃野味

1. 野生动物易携带病毒。许多疾病的病原体就来自野生动物，例如非典病毒。

2. 路边的野菜不要采。野菜并非真正意义上的"绿色食品"，乱吃野菜容易食物中毒或感染食源性寄生虫病，误食有毒野菜还可能危及生命。

3. 野生蘑菇别乱吃。在我国目前已知的300多种食用蘑菇中，100多种有毒，许多有毒蘑菇与食用蘑菇外形相似，难以辨认。

── NO.489　如何预防"旅游水肿" ──

1. 长途跋涉之前在足踝部位绑上绑腿布，绑上弹力绷带或穿上弹力袜。

2. 长途乘车时下肢不要搁在固定位置上，应该经常变换位置或站起来活动一下。

3. 休息时用手按摩腿部肌肉，晚上入睡前用热水洗澡或泡脚。

4. 食物宜清淡，尤其不要吃得太咸，以免因体内盐分太多而诱发水肿。

5. 如果已经发生了水肿，要适当放慢旅游速度，或中途调整性地休息一两天，水肿严重的需要就医。

── NO.490　给背包客的十个安全提醒 ──

1. 只有您求人，不要人求您。

2. 不告诉陌生人您的目的地及您是独自一人。

3. 陌生人中有女性，一般较安全。

4. 时时关注别人的弦外之音。

5. 到达目的地时间较晚的话，宁愿留在火车站。

6. 包车一定要签合同，而且车款不要先全部付完。

7. 不要指望走回头路。

8. 不要乱给小费。

9. 遇事要冷静、沉着。

10. 出发前全面搜集沿途和目的地的信息。

NO.491　给独行姑娘的安全锦囊（一）：消息灵通

1. 动身前往陌生的国家和地区前，密切关注当地的最新动态。

2. 充分了解当地的情况，包括哪个区域治安不好、当地人性格特征等。

3. 如果您已经身在异地，要保持资讯畅通，必要时果断提前结束行程。

NO.492　给独行姑娘的安全锦囊（二）：安全搭车

1. 在偏远地区搭车，避免搭乘看起来破旧、严重超载的交通车辆。

2. 避免乘坐夜班长途车。

3. 当恶劣天气影响路况时，不冒险搭车。

4. 尽量不租车，并避开路上的摩托车。

5. 优先选择预付费的士而非路边拦车。

6. 不要单独包车，如果不可避免，就记下车牌号、司机电话，并跟司机合影，当着司机的面把这些信息发给家人、朋友。

7. 不要为了节省路费而随意搭乘便车。

NO.493　给独行姑娘的安全锦囊（三）：谨慎住宿

1. 选择正规旅馆，事先上网查看游客对旅馆的点评，不要一味贪便宜，还要避开位置过于偏僻的旅馆。

2. 住多人间时首选有个人保险柜的，以免熟睡时个人财物被顺手牵羊。

3. 陌生人来敲门时要谨慎应对，提高警惕，即使对方自称是旅馆经理或服务生，开门前也先问他"有什么事"。

NO.494　给独行姑娘的安全锦囊（四）：保护自己

1. 如果是在境外，记下当地报警电话和驻外使领馆联络电话。

2. 不要向陌生人透露您住的旅馆和行程细节。

3. 当被问及是否独自旅行时，回答"不是，我现在正准备去跟朋友会合"。

4. 尽量不要深夜独自在街上行走。

5. 谨慎接受陌生人赠送的饮料和食物。

NO.495　给独行姑娘的安全锦囊（五）：远离性骚扰

1. 避免与陌生男性远离人群独处。

2. 被问及有没有男朋友时，除非您已经对对方芳心暗许，否则请回答"有"。

3. 对带有骚扰意味的搭讪装聋作哑，对盛情赞美保持清醒。

4. 与当地妇女或一家人结伴，能帮您挡去不少骚扰。

5. 不要独自去酒吧等娱乐场所，更不能喝到烂醉。

6. 携带小型报警器，或小瓶薄荷口腔喷雾，必要时它能当辣椒水防身。

NO.496　给独行姑娘的安全锦囊（六）：看好财物

1. 不携带大额现金；开通刷卡短信及微信通知，以防被盗刷。

2. 现金分开几个地方存放，大额钞票小心藏起，使用零钱包，放足够当天花的现金即可。

3. 在集市等人多拥挤的地方提高警惕，背包背在胸前或侧背并用手护着。

4. 护照和现金分开，护照和签证另外保存复印件和电子版。

5. 行李上锁，坐火车时可以把行李锁在行李架上。

NO.497　给独行姑娘的安全锦囊（七）：保险先行

1. 各大保险公司都有针对旅游的各种意外伤害保险，保费从十几元到几百元不等。国际SOS救援中心还与一些保险公司合作推出救援服务。针对具体行程购买合适的旅游保险，比如说有些险种包含攀岩、潜水等户外运动，有些险种则适用于"危险"国家。

2. 随身携带保单号码，牢记24小时全球救援号码。

NO.498　旅游团六大购物陷阱

1. 药店。谎称是泡脚保健，实际是卖药的地方。

2. 茶叶店。茶叶的种类很多，级别差异也很大，一般人是看不出来的。

3. 丝绸店。蚕丝含量其实还没有10%，价格还贵。

4. 珠宝店。卖的大都是假货。

5. 橡胶店。橡胶产量不高，100%含量的橡胶产品少之又少。

6. 土特产店。包装漂亮，用自己的品牌，这其实就是陷阱。

NO.499　旅行社报团防骗指南

1. 选择有口碑、有影响力的旅游机构出品的精品主题路线，签订合同之前与客服人员进行仔细沟通。

2. 看清楚条款后再签合同。虽然旅行社不能强制游客去购物，但事前有约定的话是合法的。

3. 拒绝走马观花式的旅游团。实际上有一些景点根本不值得去，上车睡觉下车拍照，旅行反而变成了负担。

NO.500　旅行社骗人套路大盘点

1. 以低价吸引游客。

2. 降低住宿标准。

3. 降低交通工具标准。

4. 中途增加旅游景点。

5. 导游软磨硬泡劝游客晚间付费观看一些大型演出。

6. 减少就餐次数。餐费及标准缩水。

7. 组团变为散客。

8. 约定的游览景点缩水。

9. 行程"掐头去尾"。

10. 旅途中强迫游客购物。